Jiangsu Cultural and Creative Design Competition-Architectural Special Contest, 2014

江苏文化创意设计大赛建筑专项赛 2014

历史空间的当代创新利用

The Contemporary
Innovation And Utilization Of The
Historical Space

江苏省住房和城乡建设厅　编

Jiangsu Provincial Department of Housing and Urban-Rural Development

中国建筑工业出版社

Jiangsu Cultural and Creative Design Competition-Architectural Special Contest, 2014
江苏文化创意设计大赛建筑专项赛 2014
历史空间的当代创新利用
The Contemporary
Innovation And Utilization Of The
Historical Space

Preface 前言

文化是一种非强制的影响力，是当今全球化、信息化和城市化进程中核心竞争力的重要体现。

和文化一样，创意、创新也是体现一个国家或一个地区软实力的重要标志。而在全球经济一体化、产业竞争日趋激烈的今天，创意、创新更应得到大力扶植和推动。

2014 年，国务院下发了《关于推进文化创意和设计服务与相关产业融合发展的若干意见》，为我国今后的文化创意和设计服务产业指明了方向。根据省委所作全省深化文化体制改革实施方案的战略部署，决定由省委宣传部等 8 个部门共同主办首届江苏文化创意设计大赛，以营造创意创新氛围，汇聚创意设计资源，提升创意设计水平，并借此搭建交流协作平台，促进成果转化，进一步加快文化产业发展，促进经济结构调整，提高江苏文化的软实力和产业竞争力。

首届江苏文化创意设计大赛包括综合赛 1 项，专项赛 2 项（建筑及环境艺术专项竞赛、陶瓷艺术设计专项竞赛），其中建筑及环境艺术专项竞赛由江苏省委宣传部和江苏省住房和城乡建设厅共同组织。

个性与特色是多元化文化最重要的特征。全球化的浪潮使得当今建筑文化的地域特色日趋丧失，因而在中国快速城市化发展的背景下，传统建筑文化的传承和弘扬显得尤为迫切和重要。江苏具有深厚的文化积淀，建筑兼具吴风楚韵，既大气精巧，又含蓄内蕴，代表了华夏传统建筑艺术的最高水准。首届文化创意设计大赛建筑专项赛创意性地以"历史空间的当代创新利用"为主题，采用全开放的模式，不设具体的地点和内容，设计人员可根据自己的理解，自行拟定设计任务书，并允许参赛者摆脱设计实践中惯有的思想束缚，在遵从历史遗存保护基本原则的前提下，合理地突破现行的相关技术规定，以此鼓励设计人员以多样化视角，大胆畅想，激情创意，在促进历史文化遗产传承保护的同时，创造出具传统、创新、文化等多重价值意义的现代空间。

经过精心组织和广泛动员，专项赛吸引了包括省设计大师、省优秀青年建筑师在内的广大从业人员和热心公众的共同参与。建筑专项赛共征集到设计方案522个。经过专家多轮评审推荐，评选出学生组优秀方案19项，职业组优秀方案92项。在此基础上评选出紫金设计奖18项，其中金奖1名，银奖2名，铜奖5名，优秀奖10名。2014年10月17日至26日，精选出的主要获奖作品和部分代表性创意方案，在南京市规划建设展览馆向公众展出，取得了广泛的社会好评。

文化创意设计大赛建筑专项赛的举办，意在提高创意设计的社会认同感，促进公众对历史文化遗产保护的关注，并为江苏建筑文化的发展、传承与创新作出新的尝试与努力。应业内人士和社会公众的要求，现将精选出的主要获奖作品和部分有代表性的创意方案汇编成册，以供规划师、设计师、历史学者、文化学者等相关专业人员及社会公众研究参阅。

江苏省住房和城乡建设厅

2014.12

Jiangsu Cultural and Creative Design Competition-Architectural Special Contest, 2014

江苏文化创意设计大赛建筑专项赛 2014

历史空间的当代创新利用

The Contemporary
Innovation And Utilization Of The
Historical Space

Contents 目录

Jiangsu Cultural and Creative Design Competition-Architectural Special Contest, 2014
江苏文化创意设计大赛建筑专项赛 2014
历史空间的当代创新利用
The Contemporary
Innovation And Utilization Of The
Historical Space

竞赛组织和评选
Contest organization and selection

2014 首届江苏文化创意设计大赛——建筑及环境艺术专项竞赛由省住房和城乡建设厅牵头组织举办。东南大学教授齐康院士担任大赛的顾问。钟训正院士担任评选委员会主任委员。

本次竞赛分为学生组和职业组。学生组参赛的机构，包括所有设立了建筑学、城市规划、风景园林专业的省内高校，其他高校学生的参赛热情也空前高涨，共报送方案 242 项。职业组各参赛单位和团队在住建厅的动员和组织下，也积极踊跃地参加了本次竞赛，共报送方案 280 项。

2014 年 9 月 4 日至 5 日，由东南大学建筑学院副院长董卫教授等 11 名专家组成的学生组评选专家组，对学生组参赛方案进行了评审。9 月 5 日至 6 日，由全国工程勘察设计大师时匡教授等 15 名专家组成的职业组评选专家组，对职业组参赛方案进行了评审。9 月 10 日，由中国工程院院士钟训正教授等 21 名专家组成的竞赛评选委员会，对学生组及职业组优秀方案进行了终评。

评选委员会及专家评审组遵循公平、公正、公开的原则，评选出学生组优秀方案 19 项，职业组优秀方案 92 项。在此基础上评选出紫金设计奖 18 名，其中金奖 1 名，银奖 2 名，铜奖 5 名，优秀奖 10 名。

竞赛评选委员会（11人）

钟训正 教授、中国工程院院士
东南大学

孟建民 教授级高级建筑师、全国工程勘察设计大师
深圳市建筑设计研究总院有限公司

时 匡 教授、全国工程勘察设计大师
苏州科技学院

周 畅 教授级高级建筑师
中国建筑学会、副理事长

韩冬青 教授、江苏省设计大师
东南大学

张 雷 教授、江苏省设计大师
南京大学

段 进 教授、江苏省设计大师
东南大学

陈同乐 正研究员
南京博物院

董 卫 教授
东南大学

叶 斌 高级城市规划师
南京市规划局

邱晓翔 研究员级高级城市规划师、总规划师
邦城规划顾问（苏州工业园区）公司

职业组评选专家组名单（16人）

时 匡 教授、全国工程勘察设计大师
苏州科技学院

董 卫 教授
东南大学

张 兵 教授级高级城市规划师、总规划师
中国城市规划设计研究院

韩冬青 教授、江苏省设计大师
东南大学

张 雷 教授、江苏省设计大师
南京大学

段 进 教授、江苏省设计大师
东南大学

冯金龙 教授
南京大学

张 宏 教授
东南大学

吉国华 教授
南京大学

李百浩 教授
东南大学

汤 杰 教授级高级建筑师、总建筑师
江苏省建设工程设计施工图审核中心

薛晓东 研究员级高级建筑师、总建筑师
无锡市建筑设计研究院有限公司

邱晓翔 研究员级高级城市规划师、总规划师
邦城规划顾问（苏州工业园区）公司

查金荣 研究员级高级建筑师、总建筑师
苏州市建筑设计研究院有限责任公司

张应鹏 研究员级高级建筑师、总建筑师
苏州九城都市建筑设计有限公司

叶 斌 高级城市规划师
南京市规划局

学生组评选专家组名单（11人）

董 卫 教授
东南大学

朱光亚 教授
东南大学

冯金龙 教授
南京大学

陈 薇 教授
东南大学

吉国华 教授
南京大学

汪永平 教授
南京工业大学

李百浩 教授
东南大学

季 翔 教授
徐州建筑职业技术学院

夏 健 教授
苏州科技学院

王良桂 教授
南京林业大学

邱晓翔 研究员级高级城市规划师、总规划师
邦城规划顾问（苏州工业园区）公司

Jiangsu Cultural and Creative Design Competition-Architectural Special Contest, 2014
江苏文化创意设计大赛建筑专项赛 2014
历史空间的当代创新利用
The Contemporary
Innovation And Utilization Of The
Historical Space

评审专家寄语
Expert message

齐 康

中国科学院院士，国家设计大师，法国建筑科学院院士，东南大学教授。

寄语：本次大赛提供了很多优秀的设计作品，这些作品有较强的现实性、时代性和创造性，并很好地结合了当地的历史文化。希望大赛能够定期举行，并希望高校的学生和广大设计工作者积极参与，使得他们在历史文化的脉搏里得到进一步的提高。

钟训正

中国工程院院士，东南大学建筑学院教授，中国建筑学会理事，中国建筑师学会名誉理事，江苏省土木建筑学会副理事长。

寄语：这次创意设计大赛，具有现实性、科技性及前瞻性，同时充分体现了现代年轻人的设计水准。希望此类活动持续下去，在刺激并推动健康的建筑设计市场发展的同时，也能够在地域文化保护与传承之路上不断地开拓和创新。

时 匡

全国工程勘察设计大师，苏州科技学院教授，一级注册建筑师；曾任中国—新加坡合作开发苏州工业园区总规划师，全国九届、十届全国人大代表；国家级有突出贡献的专家，首批全国五一劳动奖章的获得者。

寄语："创新"是推动现代进步的强动力，本次竞赛展现了政府重视并推动这项"动力工程"的远见和决心！现在平台已展开，设计师的目标也应该确立。相信未来设计行业中中国创新的声音会越来越响亮。

孟建民

全国工程勘察设计大师，深圳市建筑设计研究总院有限公司总建筑师，中国建筑学会常务理事，全国高等学校建筑学专业教育评估委员会委员，全国注册建筑师考试委员会专家，华南理工大学硕士生导师，东南大学博士生导师，深圳市专业技术资格评审委员会委员，中国内地与香港建筑师资格互认考官。

寄语：这次竞赛是江苏建筑与环境品质提升的导向与机制建设，期待一届比一届办得更好，在这类主题方面真正办成全省、全国乃国际的影响品牌！

周 畅

中国建筑学会副理事长，工学博士，教授级高级建筑师，国家一级注册建筑师，天津大学、北京工业大学、沈阳建筑大学兼职教授，《建筑学报》主编，中华人民共和国住房和城乡建设部科技委委员，全国注册建筑师管理委员会副主任，全国高等学校建筑学学科专业指导委员会副主任。

寄语：这次江苏省住建厅主办的"建筑及环境艺术设计专项竞赛"得到了江苏省建筑设计单位以及高等院校的积极响应，参赛范围广、参赛作品水平高。特别是获得大奖的作品在设计理念、设计方法以及图纸表达方式上都有很好的创意。评选工作严肃认真，充分尊重专家意见，是一次成功的竞赛，希望此类竞赛能够继续办下去，并越办越好。

张 兵

中国城市规划设计研究院总规划师，同济大学兼职教授，中国城市规划学会历史文化名城保护规划学术委员会主任委员，国际古迹遗址理事会科学委员会 20 世纪遗产专业委员会（ISC20C/ICOMOS）中方投票委员。国家"科技创新领军人才"、"新世纪百千万人才"国家级人选。

寄语： 探索城镇历史环境和传统建筑的当代价值，江苏这样的活动具有国际视野和现实意义，有利于唤起民众的文化自觉和文化自信。

朱光亚

东南大学建筑学院教授，一级注册建筑师，东南大学建筑设计研究院建筑遗产保护规划与设计研究所所长，住房和城乡建设部历史文化名城专家委员会成员，国家文物局大运河遗产保护专家委员会成员，ICOMOS 会员，中国文物学会传统建筑与园林分会副理事长。

寄语： 根深才能叶茂，文化的自觉、自信要从自知开始。

韩冬青

江苏省设计大师，东南大学建筑学院教授，东南大学建筑设计研究院有限公司总建筑师，中国建筑学会理事。

寄语： 历史空间是地方文化的一种重要表征。历史空间保护与传承的意义在于激发其悠远却依然鲜活的生命历程，这正是创新的意义所在。

张 雷

江苏省设计大师，南京大学建筑与城规学院教授，建筑设计与创作研究所所长，2009 年 5 月被英国 ICON 杂志列为 20 位具有未来影响力的青年建筑师；张雷建筑工作室 2008 年入选美国《建筑实录》十大设计先锋事务所。

寄语： 用独特的设计创意，表达对传统历史环境的敬畏和尊重，创造满足当代生活需求的新老融合的建筑空间。

段 进

江苏省设计大师，东南大学建筑学院教授，东南大学规划院总规划师，城乡规划方法与理论方面专家，兼任中国城市规划学会城市设计专业委员会副主任委员、江苏省城市设计专业委员会主任委员、《城市规划》杂志编委等职。

寄语： 创意设计是一种挣扎，需要突破传统习惯去寻找新的可能，再将这些可能有机地组合成作品，由此改变人们的生活，让我们共同努力。

Jiangsu Cultural and Creative Design Competition-Architectural Special Contest, 2014
江苏文化创意设计大赛建筑专项赛 2014
历史空间的当代创新利用
The Contemporary
Innovation And Utilization Of The
Historical Space

董 卫

东南大学建筑学院教授、副院长，城市与建筑遗产保护教育部重点实验室（东南大学）主任，联合国教科文组织文化资源管理教席主持教授，中国城市规划学会城市规划历史与理论学术委员会主任委员，中国建筑学会建筑师分会人居专业委员会副主任委员，东南大学–联合国教科文组织 GIS 中心主任。

寄语：举办此次"历史空间的当代创新利用"概念竞赛本身就是一次跨越式的创新，竞赛的积极影响及其后续效应将在我省新型城镇化的深化过程中逐步释放出来。

陈 薇

东南大学建筑学院教授，博士生导师，东南大学建筑历史与理论学科学术带头人，兼任中国科学技术学会建筑史专业委员会副主任委员，中国建筑学会建筑史学分会副理事长，中国圆明园学会学术专业委员会副主任委员，国家文物局专家组成员等职。

寄语：在历史环境中设计和创新，是当代建筑师、规划师、景观师的责任，是中国历史城镇发展进程中的必然，是时代赋予的挑战。我们直面。

冯金龙

南京大学建筑与城市规划学院教授，南京大学建筑规划设计研究院有限公司董事长，国家一级注册建筑师，教育部、江苏省住建厅、南京市城市规划委员会等机构建筑规划设计评审专家。

寄语：建筑的生命在于传达情感，创造完美。

张 宏

东南大学建筑学院建筑技术科学系主任，东南大学工业化住宅与建筑工业研究所所长，教授，博士生导师，国家一级注册建筑师，中国建筑学会建筑师分会绿色建筑委员会委员。

寄语：祝愿通过这一活动，推进江苏城乡建设行业可持续发展的进程，惠及民生事业和广大老百姓！

吉国华

南京大学建筑与城市规划学院教授，博士生导师，国家一级注册建筑师，全国高等学校建筑学学科专业指导委员会建筑数字技术教学工作委员会委员、江苏省土木建筑学会第七届理事会计算机应用专业委员会委员，CAADRIA、CAAD Future 等国际会议论文评阅人，Revit 杯大学生建筑设计竞赛评委。

寄语：创意大赛对建筑设计行业很有意义，起到了激发创意、鼓励原创的作用。希望能够经常举办，以促进我们的建筑设计走向世界先进水平。

李百浩

东南大学建筑学院教授，博士生导师，中国城市规划历史与理论学术委员会副主任委员兼秘书长、中国工业建筑遗产学术委员会委员、中国历史文化名城学术委员会委员。

寄语：21世纪的中国城市最需要什么？生态和谐，自然与人文的和谐，本土与外来的和谐，理想与现实的和谐，过去、现在与未来的和谐。和谐文化即为中国人的文化。

王良桂

南京林业大学风景园林学院院长，教授，博士生导师，国家湿地科学技术专家委员会委员，中国风景园林学会理事，江苏省风景园林学会副主任委员，江苏省林学会植物造景专业委员会主任。

寄语：让设计把世界装扮得更美丽，让设计给生活带来更多的舒适和愉悦。

汪永平

南京工业大学建筑学院教授，博士生导师，南京历史文化名城研究会副会长，江苏建筑师学会秘书长。

寄语：愿大赛发现更多设计新秀，成为展示未来青年设计师才华和创意的舞台。

夏 健

苏州科技学院教授，苏州国家历史文化名城保护研究院院长，兼任中国建筑学会建筑教育评估分会理事、江苏省土木建筑学会建筑创作专业委员会委员、联合国教科文组织亚太地区世界遗产培训与研究中心（苏州）古建筑保护联盟执行委员等职。

寄语：每个城市都渴望成为罗马这样的"永恒之城"，不断探寻承载城市记忆的历史空间并创新延续是城市发展的"永恒之道"，也是城市设计者的"永恒使命"。

季 翔

江苏建筑职业技术学院副院长，二级教授，教授级高级建筑师，一级注册建筑师，江苏省建筑师学会副主任，全国高专建筑设计专业教指委主任，中国建筑学会资深会员，中国矿业大学硕士生导师。

寄语：文化创意是江苏人的"富矿"，建筑及环境设计是服务与发展人类的创意产业，从一幅幅作品中看到了每一位年轻人的江苏情、中国梦。

Jiangsu Cultural and Creative Design Competition-Architectural Special Contest, 2014
江苏文化创意设计大赛建筑专项赛 2014
历史空间的当代创新利用
The Contemporary
Innovation And Utilization Of The
Historical Space

陈同乐

南京博物院陈列艺术研究所所长，研究员，中国博物馆学会陈列艺术委员会副主任，中国国学中心展陈艺术顾问，文化部优秀专家，中国历史博物馆艺术顾问，《陈列艺术》杂志执行编辑，南京艺术学院特聘教授。

寄语： 安德烈 —— "知识往往会误导我们生活的真正目的。我们知道的越多，可我们懂得越少，这是因为我们的视野虽然变得更有深度了，但却也更狭隘了。"这虽然是不可回避的事实，让我们保持对纯真持久的凝望，在那些芜杂繁忙的日子里进行设计创作活动，以获得精神力的无限满足。

邱晓翔

邦城规划顾问（苏州工业园区）公司中国区总规划师，注册规划师，中国城市规划学会历史文化名城规划学术委员会委员，风景环境规划设计学术委员会委员，中国城市科学研究会历史文化名城委员会常务委员。

寄语： 获奖作品表现出参赛者对历史环境的保护整治和产业遗存的改造利用有着独特的理解和精彩的创意。向这些规划设计行业中的文化创意先锋们致敬！

汤 杰

江苏省建设工程设计施工图审核中心总建筑师，教授级高级建筑师，国家一级注册建筑师，国家注册城市规划师，香港建筑师学会会员，江苏省首届优秀青年建筑师，江苏省首届优秀勘察设计师，江苏省有突出贡献的中青年专家。

寄语： 历史与现代对话，传承与创新交融，用心编织美好未来，让创意的翅膀飞得更高、更远。

薛晓东

无锡市建筑设计研究院资深总建筑师，研究员级高级建筑师，国家一级注册建筑师，江苏省优秀青年建筑师。

寄语： 建筑设计与创作，说到底即是去发掘"建筑"与"社会生活"之间的任何可能关系（包括物质的和人文的），并通过独特的技术手段与材料去构建这种"关系"。这是一个建筑师的社会职责，愿此类创意大赛使建筑师的关注点再次回归设计的本质。

查金荣

苏州设计研究院股份有限公司董事院长、总建筑师。国家一级注册建筑师，香港注册建筑师，研究员级高级建筑师，中国建筑学会资深会员，世界华人建筑师协会创始会员，江苏省优秀青年建筑师，江苏省优秀勘察设计师，苏州大学兼职教授，东南大学、苏州科技学院校外硕士生导师。

寄语：历史建筑和历史地段是地域经济与文化在历史长河中的重要印记与见证，也是我们民族的传统根基。保护不是简单的修复与复制，而是尊重与发扬。

张应鹏

九城都市建筑设计有限公司总建筑师，研究员级高级工程师，国家一级注册建筑师，浙江大学、华中科技大学等多所高校兼职教授。

寄语：建筑是一门关于自然与科学、经济与政治、人文与宗教、环境与空间等多学科交叉的综合型艺术形式。建筑作品的创作与实现不仅依赖于建筑师广博的知识与品德修养，依赖于建筑师创作的激情与社会责任，也依赖于所处社会的整体人文背景，依赖于社会对建筑艺术积极、健康与合理的理解与欣赏。祝愿在这个共同理解与支持的基础上，一起共同建设我们的美好家园！

叶　斌

南京市规划局局长，国家注册城市规划师，高级城市规划师，中国城市规划学会常务理事，江苏省城市规划学会副理事长。

寄语：本次大赛极大地拓宽了专业界历史建筑和历史环境的保护思路，探讨了历史文化遗产保护、传承和当代使用的途径和方法；同时，对社会也是一次动员，将激发全社会提高历史文化遗产保护意识。历史文化遗产是当代财富而不是"发展"的包袱。

江苏文化创意设计大赛建筑专项赛 2014

历史空间的当代创新利用

The Contemporary
Innovation And Utilization Of The
Historical Space

　　历史地段是指保存相对完整、能够较为全面反映一定历史时期城镇生活风貌和场景的空间范围。与其他类型的历史空间相比，历史地段承载了复杂多样的城镇功能，保护和整治的难度更大。因此，在历史地段中的创新设计所面临的挑战也更为艰巨。以历史地段为题材入册的 8 个获奖设计方案，以对历史地段中重要节点的功能提升和空间重塑来带动整个历史地段的当代振兴。这就如同针灸中的"点穴"法，以"牵一发而动全身"的设计策略达到"四两拨千斤"的综合功效，实践证明，从重要节点空间入手来"医治"历史地段整体性衰败的问题是积极有效的。历史地段的保护与整治是一个长期而复杂的过程，需要多管齐下、持之以恒地开展工作，历史空间创新再利用是其中十分重要而关键的方面。

第一篇 ｜ Part1

历史地段　古今交融

Historical sites, ancient and modern cultures

Jiangsu Cultural and Creative Design Competition-Architectural Special Contest, 2014
江苏文化创意设计大赛建筑专项赛 2014
历史空间的当代创新利用
The Contemporary
Innovation And Utilization Of The
Historical Space

古语新说

——宜兴芳桥周处故居博物馆及配套设施

紫金设计奖银奖

设计说明

芳桥镇地处宜兴市东北部，境内山水相依，景色秀丽，有阳山、葛宝山、架弓山、浮山、岱华山等九山仁立，其中阳山景色最为迷人，很多历史典故发生于此。据史料记载，阳羡第一人物西晋平西大将军周处就出生在芳桥，与其相关的跑马道、试剑石、草鞋双墩等诸多名胜古迹都保存在阳山之中。近年来芳桥镇为了丰富文化活动内容、提高旅游体验质量，决定深度挖掘芳桥地域文化，基于历史事件，依托历史遗存，在阳山南麓增添文化设施，整体提升芳桥镇区的人文景观。该文博建筑群占地面积为 2 744 平方米，北依阳山，南临进镇的交通要道，西邻村落，东接现有的宗教设施。场地南北高差为 12 米，总建筑面积为 3 766 平方米，以周处故居为题材建设一组旅游服务配套设施，同时加强阳山和芳桥镇区在空间上的联系，对于提升芳桥镇的整体文化品质有着积极的意义。

创意亮点

古语新说——粉墙黛瓦是对江南水乡建筑形式语言最高的概括，中国传统山水画中，画师寥寥几笔便勾勒出江南村寨；本设计基于粉墙黛瓦之古语，述说新一代人公共活动的故事。设计语言由两部分组成：无形的故居和有形的村落。用青砖（指代汉代以后已有的建筑材料）围合了一空院，以此确立周处故居的方位；其与众不同的材料处理方式，虽然体量不大，却奠定了故居在建筑群中的核心地位。本建筑群采用村落肌理的结构特征组织，以江南建筑村居墙体的形式语言为创作原型，将形式语言抽象成为现代建筑的空间语言，基于现代人的活动规律，通过墙体的伸展与围合勾勒出丰富的公共活动空间。基于山体的高差，通过层层叠叠的白墙再现了江南村落的自然风貌。本设计结合地形组织，空间错落有致，引入植被构筑园林景观，以村居的手法变换方位融入村落和自然。

专家点评

这是一个典型的体现"小中见大"意境的设计作品。设计者以传说中的周处故居及其周边环境为设计对象，通过精心组合与编织，将一个流传千年的美丽传说融入一片由"废墟"式的高低墙体和院落搭配而成的历史场景。该方案设计的力道恰到好处，空间形态具有较高的"可读性"。

设计师：
丁沃沃　李倩　尤伟　唐莲
设计机构：
南京大学建筑与城市规划学院

Jiangsu Cultural and Creative Design Competition-Architectural Special Contest , 2014
江苏文化创意设计大赛建筑专项赛 2014
历史空间的当代创新利用
The Contemporary
Innovation And Utilization Of The
Historical Space

睦邻坊

紫金设计奖优秀奖

设计说明

　　本设计以保护历史建筑及其所在历史环境为目标，选择位于苏州山塘老街中段普济桥附近的一块旧厂房遗留空地，面积约 5 294 平方米。随着经济社会的快速发展，鳞次栉比的高楼大厦、四通八达的公路网不断挤压着人们户外活动的空间，忙碌快节奏的工作严重侵蚀着人们的生活品质。随着人口老龄化的进度不断加快，一些社会矛盾不断凸显出来。往日小巷里悠然自得的生活状态似乎一去不复返，邻里和睦相处、夜不闭户的其乐融融镜头难以再现。

　　如何创造一个环境让人们工作之余回到个人向往的慢节奏生活状态，是我们这次设计的命题。

区位分析　　　　　　　　　　　　　基地周边现状图

基地区位　　　　　周边文化设施

交通现状　　　　　现状水系

1. 基地位于山塘街中段、普济桥北侧、蒲庵路西侧

2. 将现代功能的邻里社区功能植入山塘老街区，激活传统社区的邻里关系，赋予新的活力

创意亮点

　　保留现有历史建筑和环境，将新的建筑物"隐"于地下，通过地上、地下、地面空间巧妙设计，在保护历史环境的同时形成新的空间体验，赋予新的活力。

设计理念

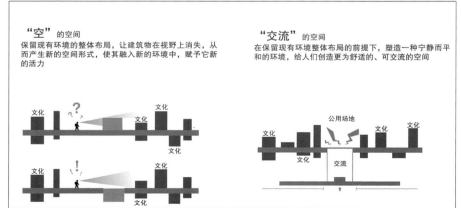

"空"的空间
保留现有环境的整体布局，让建筑物在视野上消失，从而产生新的空间形式，使其融入新的环境中，赋予它新的活力

"交流"的空间
在保留现有环境整体布局的前提下，塑造一种宁静而平和的环境，给人们创造更为舒适的、可交流的空间

3. 将建筑物隐藏到地下。既能保护现有环境的整体布局，又能提供休息娱乐的活动空间

设计师：
吴基英　钱城　张安琪　王君菁　王飞龙
设计机构：
苏州土木文化中城建筑设计有限公司

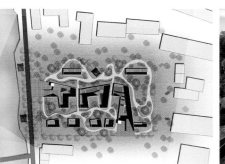   

Jiangsu Cultural and Creative Design Competition-Architectural Special Contest, 2014
江苏文化创意设计大赛建筑专项赛 2014
历史空间的当代创新利用
The Contemporary
Innovation And Utilization Of The
Historical Space

南京城南升州路北侧、大板巷西侧地块更新改造设计

紫金设计奖优秀奖

设计说明

　　项目基地位于南京市城南地区南捕厅历史文化街区，用地面积 4 680 平方米，总建筑面积 7 697 平方米。地块保存有清中期以前、晚清、清末民初、民国以及新中国成立后多个年代建筑。改造后，基地建筑功能主要包括主题商业、艺术工坊、创意办公以及休闲会所。本次设计目标是在基地内呈现历史建筑的丰富性和建筑年代的多样性，保存城市历史发展的脉络。新建建筑在延续城市历史肌理基础上创新发展。

创意亮点

　　传统肌理、新旧融合、现代业态、时尚空间、延续文脉、丰富生活。

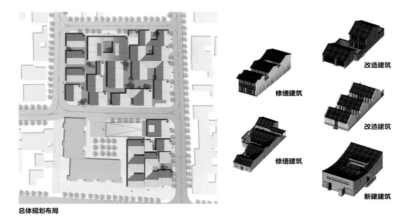

总体规划布局

修缮建筑　改造建筑
修缮建筑　改造建筑
新建建筑

新建建筑　　保留建筑

新与旧　　新与旧　　新与旧

设计师：
张宁　方勇　刘玮　岳阳
设计机构：
南京大学建筑规划设计研究院

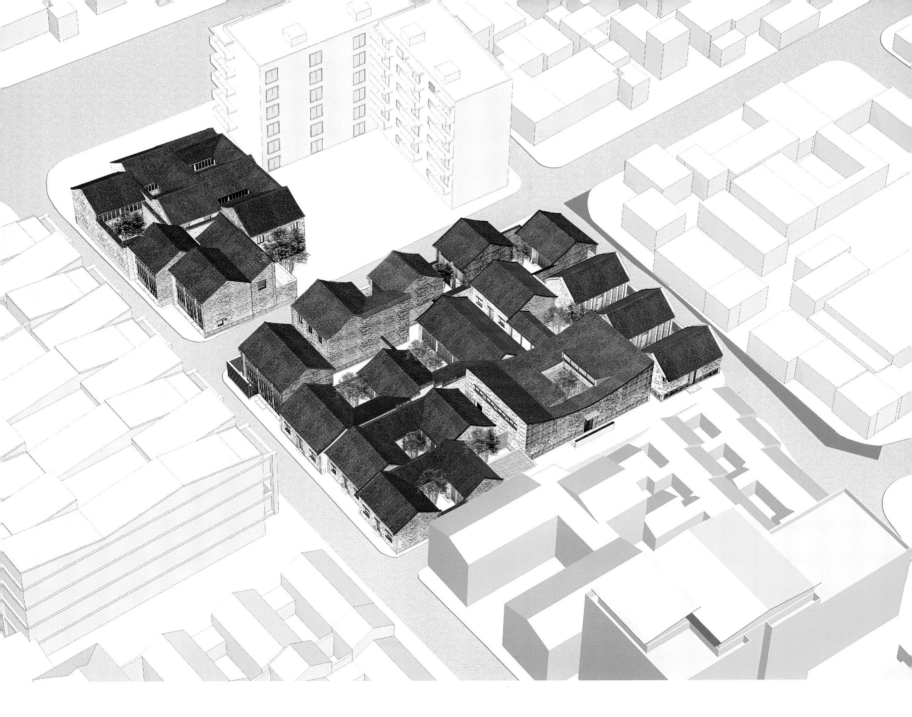

Jiangsu Cultural and Creative Design Competition-Architectural Special Contest, 2014
江苏文化创意设计大赛建筑专项赛 2014
历史空间的当代创新利用
The Contemporary
Innovation And Utilization Of The
Historical Space

中国传统伊斯兰社区复兴可行性研究

——以镇江山巷清真寺为例

职业组二等奖

设计说明

清真寺是穆斯林社区的核心建筑，穆斯林"叩拜"衍生出的宗教行为在其生活中也处处可见。在调研中发现，几经修缮的老建筑依然保留着当初建造时的使命。然而建筑与使用者之间的矛盾也越来越尖锐，传统建筑难以满足现代生活使用的要求。作为一个公共建筑开放性不够，同时，随着穆斯林人口的增长，原有的礼拜大殿难以容纳虔诚的信徒。我们通过历史总图肌理再现，在还原历史面貌的同时释放消极空间，同时利用地下空间，扩展建筑容纳能力。最后对建筑立面进行更新，在尊重历史的基础上融入现代元素。希望通过这个设计研究，能引起社会对宗教性历史建筑、社区的广泛关注，改善其使用环境，促进社区、民族的和谐发展。

创意亮点

（1）修复传统街巷肌理，拆除部分风貌不协调建筑，形成宗教主题的公共空间；（2）适当改变清真寺"围合"带来的空间封闭，开放茶经堂作为对外开放的交流空间；（3）改变围墙范围，出让寺内部分消极空间，作为寺外弹性空间，缓解"人多路窄"的情况；（4）梳理寺内人行流线，进入—沐浴—叩拜，避免交叉；（5）充分利用地下空间，拓展礼拜殿容量，满足使用需求；（6）在外立面设计中，融入新元素，加强宗教场所庄重、肃穆的仪式感。

由宗教纹样变化而成的建筑小品将被植入地块内公共空间，增添社区活力

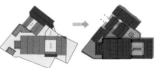

修复衰败的历史肌理，恢复历史建筑群原貌

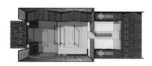

利用地下空间拓展礼拜大殿容量，通过外廊组织进入大殿内部

设计师：
潘如亚　杨波　马　明
金宸设计第三事业部方案设计团队
设计机构：
南京金宸建筑设计有限公司

入口鸟瞰

庭院一景

巷道空间　巷道空间

庭院一景

庭院一景

Jiangsu Cultural and Creative Design Competition-Architectural Special Contest, 2014
江苏文化创意设计大赛建筑专项赛 2014
历史空间的当代创新利用
The Contemporary
Innovation And Utilization Of The
Historical Space

百子亭画家公园

职业组二等奖

设计说明

　　地块为南京市百子亭历史风貌片区，毗邻玄武湖公园、鼓楼公园、鸡鸣寺等众多景点。这里的民国建筑充满了"复杂"的多样性，如何在保护现存民国建筑的同时，提升正在缺失的艺术氛围，再现民国记忆，创造有活力的城市功能，是我们此次设计的思考重点。我们希望用最小的改动来最大化地调动城市积极性，不再强调建筑至上，而是让建筑消隐在公共绿化景观中，消隐在历史的空间肌理和回忆里。

创意亮点

　　弱化新建、扩建建筑，清理棚户简屋，维护更新民国故居，利用原有材料重构片墙展廊，营造艺术文化氛围。打造民国范的城市文化客厅和百子亭城市名片。

总体规划布局

鸟瞰效果

入视效果

鸟瞰效果

入视效果

入视效果

草图示意

模型照片

入视效果

草图示意图

模型照片

设计师：
吴旭辉　彭雨　陈觅远　贾曚　王问
陈龙　叶毅　陈敏晖
设计机构：南京金宸建筑设计有限公司

苏州市阊门历史街区保护及发展创新设计

职业组二等奖

设计师:
田新臣 汪晓琦 陆郦婷
设计机构:
苏州规划设计研究院股份有限公司

设计说明

本次创意从"苏州古城、历史街区、节点空间"3个层面逐层展开,意在将苏州市域的典型传统文化汇聚至苏州古城并展示交流。

在苏州古城层面注重历史文化的激活,做到传统特色水上交通、历史文化街区、非物质文化遗产更好地融为一体。

在历史街区层面强调人口结构的再塑,总结了历史街区发展和保护过程中的几个突出矛盾并提出解决方案,使历史街区重新焕发活力并形成持久自觉保护的机制。

在节点空间层面把传统的"粉墙黛瓦木构件"等传统建筑语汇分解重构,与现代的框架结构和流动空间有机融合,达到传统和现代共生的和谐状态。

创意亮点

本设计不着眼于某个历史场所的单点创意,而是系统阐述对传统文化的保护和利用的整体思路;不局限于某个特定的场景或单体建筑的创意,而是从宏观到微观,从"苏州市域、苏州古城、历史街区、节点空间"多个层面逐层展开,系统化地体现历史空间的保护及当代利用。

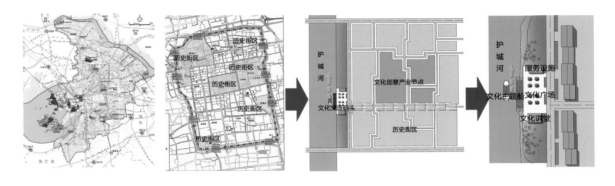

商铺　　　　　　　车库

现状

现状一层平面图　　　现状层顶平面图

改造后

通过老建筑改造疏解居住人口并提高生活质量
通过解决人口结构、老建筑的使用以及停车等诸多难题，
使历史街区重新焕发活力并形成持久自觉保护的机制

适宜历史街区的小尺度车库

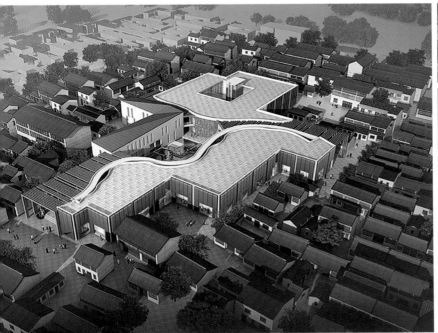

Jiangsu Cultural and Creative Design Competition-Architectural Special Contest, 2014
江苏文化创意设计大赛建筑专项赛 2014
历史空间的当代创新利用
The Contemporary
Innovation And Utilization Of The
Historical Space

断点 · 续传

——无锡清明桥地区历史空间的当代创新利用

职业组二等奖

设计说明

　　基地位于无锡老城区内古运河畔，是无锡市内重要的传统民居聚集地。方案探讨历史文化街区有机更新与再利用模式及方法研究，保护历史建筑和传统格局以"织补"方式有机更新，同时力求保留本土原住民的部分原有生活方式，促进物质及非物质文化遗产保护的有效结合。

创意亮点

　　（1）依托运河申遗成功的有利条件，弘扬江南传统住居文化，形成"江南水弄堂，运河绝版地"的文化景观；（2）对于实施技术和手段，以"乡土建筑"理念为指导，使用本地建筑材料和施工工艺，室外景观采用"被动"方式建设，根据建筑和现场的具体限制条件，开展"适应性"改建；（3）引入SWOT分析，将设计中的人文感性因素与理性专业分析有效结合，形成最终的设计策略与方法。

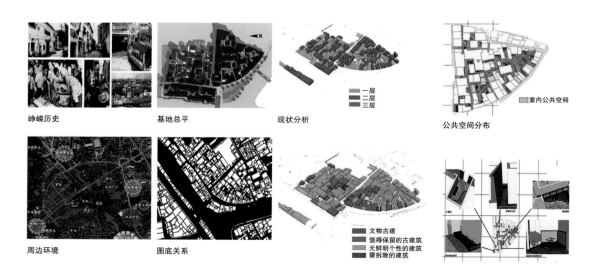

峥嵘历史　　　　基地总平　　　　现状分析　　　　公共空间分布

　　　　　　　　　　　　　　　　　一层
　　　　　　　　　　　　　　　　　二层　　　　　　室内公共空间
　　　　　　　　　　　　　　　　　三层

周边环境　　　　图底关系　　　　文物古建
　　　　　　　　　　　　　　　　　值得保留的古建筑
　　　　　　　　　　　　　　　　　无鲜明个性的建筑
　　　　　　　　　　　　　　　　　需拆除的建筑

设计师：
吴尧　朱蓉　宋商楠

沿街立面 1

沿街立面 2

交融空间实验

——基于图底理论下的南京仓巷街区景观规划设计

1——展示院落　7——传统民居
2——主题建筑　8——主要入口
3——公共空间　9——次要入口
4——创意工坊　10——展示广场
5——交易集市　11——景观水面
6——公共园林　12——景观廊道

设计师：
于梦元　王祝根
设计机构：南京工业大学建筑学院

学生组优秀奖

设计说明

本次参赛作品选取南京市秦淮区老城南，朝天宫东南的千年古巷——仓巷地块为设计场地，设计范围北至七家湾路，南至安品街，西至仓巷，东至鼎新苑，总面积约33 000平方米。该区域位于南京老城南历史文化保护区的边缘，保护要求高、开发压力大，本次设计将其作为研究对象，基于中国传统园林空间特征，利用其特有的空间组织与造景手法来营造现代公共空间。

创意亮点

本次设计将城市公共空间的创新作为核心设计思想，希望通过传统园林空间的公共化利用、景观与建筑的融合、城市空间肌理的传承3种设计思维的结合探索历史空间在未来城市发展中的创新利用，通过园林、街道与院落空间的交融试验创造一种类似于开放式园林综合体的新型城市公共空间，表达对中国园林空间文化与中式建筑美学的尊重与理解，诠释作者对传统空间美学在现代城市中的应用性思考与探索。

我们尝试将传统园林的空间设计方法带入城市公共空间设计中，以建筑与景观的融合关系、街道与公共空间的渗透关系为基点整合场地中的历史文脉与优势资源，组织环境的空间关系，严格控制场地的建筑高度，弱化垂直的城市形态，强化中国传统城市空间的水平延伸特征，增强建筑内外空间、过渡空间的联系性，采用具有传统特征的院落和园林式空间模式组织空间肌理，创造新的空间模式。改造后的仓巷，空间融合特征将更加鲜明，身在其中将能清晰地感受到中国园林空间的美学意境，体验院落与廊道、街道相融的空间魅力。

在尊重传统中式园林造景手法、空间结构与链接方式的基础上融合场地原有历史性民居与街道空间肌理。
在设计中融入现代空间表现手法，营造当代风格与历史底蕴共存，融园林、建筑、街道、公共空间于一体的城市公共文化街区。

在设计中利用传统民居院落与天井概念，对其空间表达方式加以转化创新将其内化的空间形态转换为外化的展览功能以激发传统院落在现代城市空间中的应用，表达空间模式在现代生活中的适应性。

Jiangsu Cultural and Creative Design Competition-Architectural Special Contest, 2014
江苏文化创意设计大赛建筑专项赛 2014

历史空间的当代创新利用
The Contemporary
Innovation And Utilization Of The
Historical Space

在任何一座中国历史城市中，城墙都是最为显著的历史地标之一。城墙不仅明确界定了城市的边界，形成了"城里""城外"的空间分野，同时它也是一种有效的防御性措施，在冷兵器时代能够抵御外敌、保护城市的安全。历史上的江苏曾经战争频发，许多城市都拥有壮观的城墙，但大多在近代的巨变中逐步消失了。今天，古代城墙已经成为一类重要的文化遗产，在城镇化的大潮中城墙遗产的保护与再利用引起了人们越来越多的关注。本次竞赛收到了诸多关于城墙空间创新设计的方案，反映出城墙遗产在人们心目中的分量。入册的 7 个获奖设计方案均揭示出：城墙遗产在现代环境中具有很强的可展示度与可再利用性，并且城墙空间创新设计的潜力巨大。这些创意方案告诉我们，城墙遗产不仅属于令人景仰的过去，也能够激发我们创造更加美好的未来。

第二篇 | Part2

城墙遗址 当代呈现
City wall ruins, contemporary presentation

Jiangsu Cultural and Creative Design Competition-Architectural Special Contest, 2014
江苏文化创意设计大赛建筑专项赛 2014
历史空间的当代创新利用
The Contemporary
Innovation And Utilization Of The
Historical Space

明城墙历史文化休闲带

——历史文化景观环境中的轻型模块化房屋系统

紫金设计奖铜奖

设计说明

本设计以最大限度保存历史风貌为主旨，以工业化产品设计与建造方式在明城墙周边进行新建，对城墙零损伤，保护既有历史环境要素，完善使用功能，提升与整合外部空间环境，实现了历史文化建设保护中建设行为的可逆。

创意亮点

（1）建设行为可逆——易建可拆的工业化产品建造模式实现了历史文化遗产及其所在景观环境的双重保护；（2）绿色建筑体系——自保障、低碳环保的房屋系统适应重点历史保护区空间利用的需要。

专家点评

方案设计以南京明城墙风光带建设工程为案例，相对风光带环境建设中小品建筑的传统建造方式，提出了全新的设计理念和建造方式，用一种可逆的工业化或工厂化建筑来替代，与城墙的历史环境相融合。

设计创意和创新思路是改变南京明城墙风光带建设工程的思维定式，用新的单元模块、工厂预制的装配式建筑作为风光带内的小品建筑。相对于传统的建造方式，大大缩短了现场的建造时间，对环境产生的破坏减至最低。这种低碳、环保、可逆建筑采用了绿色建筑的理念和技术，在历史空间里的首次运用是一个大胆的尝试，体现了设计创意和技术的完美结合。

设计观念新颖，提出并采用生态植物构架新技术，在太阳能利用、污水处理、零能耗技术运用上切实可行。图纸内容丰富，表达清楚。

设计师：
张军军 艾智靖 李骁
设计指导：
张宏
设计机构：
东南大学建筑学院

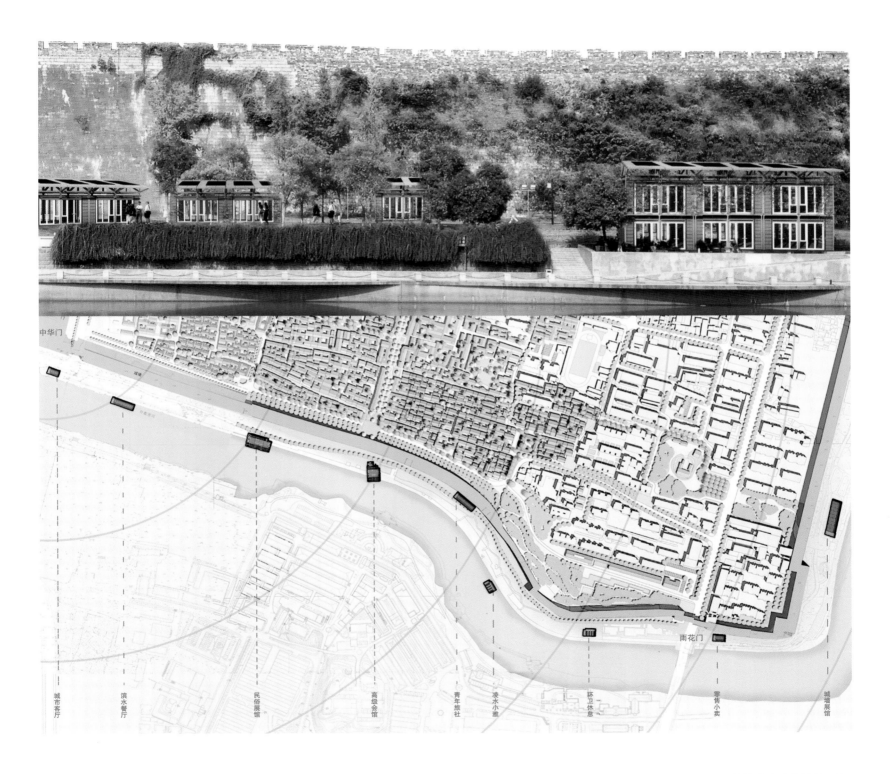

中华门

雨花门

城市客厅　滨水餐厅　民俗展馆　高级会馆　青年旅社　凌水小雅　环卫休息　零售小卖　城墙展馆

Jiangsu Cultural and Creative Design Competition-Architectural Special Contest, 2014
江苏文化创意设计大赛建筑专项赛 2014
历史空间的当代创新利用
The Contemporary
Innovation And Utilization Of The
Historical Space

穿·越
——南城古镇城门遗址博物馆

紫金设计奖铜奖

设计说明

　　项目位于连云港城市南端，毗邻连云港南城古镇的古城门遗址，作为南城古镇保护与利用的首启项目，其设计创新理念和保护利用新概念都是我们思考的重点。南城古镇起于南北朝时期，兴于明清，整个城区以中央东大街为轴，东西向延展形成。登上南端古城门遗址可一览东大街两侧民居以及远处东西凤凰山。

　　"穿·越"成为近两年的热门词汇，"穿花雾重露滴衣，越墙凤凰花自香"，开题两句诗就是借意穿越，表达设计师期望设计这样一个感受历史、转换时空的场所。城门遗址博物馆作为重塑南城古镇旅游线路十景当中的第一景，我们从3个方面考虑其设计结果：首先是标志性，我们将之定位为城门的延续和扩大，外观上可以和城门融为一体，扩大了城门和博物馆两个不同节点的影响力；其次是立面装饰用材考虑本地特有石材以及拆除旧建筑所剩石材，表达一种绿色环保理念和旧建筑的更新利用方式；再有就是将六朝古街的历史和特有文化融合在特有的游览路线上，体味一种旅游的独特性，达到对整个南城古镇保护利用的规划目标。

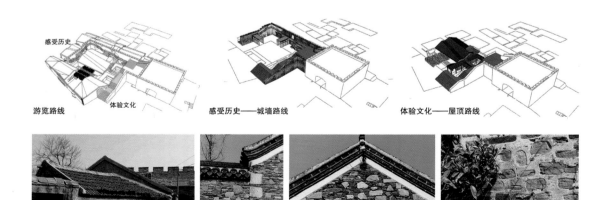

感受历史 / 游览路线 / 体验文化 / 感受历史——城墙路线 / 体验文化——屋顶路线

设计师：
蔡爽　陆华　谭啸　张斌　朱婷怡　甘亦乐
设计机构：
苏州设计研究院股份有限公司

Jiangsu Cultural and Creative Design Competition-Architectural Special Contest, 2014
江苏文化创意设计大赛建筑专项赛 2014
历史空间的当代创新利用
The Contemporary
Innovation And Utilization Of The
Historical Space

半程"马拉松"
——南京明城墙断口历史空间的当代创新利用

紫金设计奖优秀奖

设计说明

　　本方案旨在对城墙本体进行保护性再利用,以城墙为比赛场地,通过充满氦气(He)的悬浮气囊连接城墙断口,举办世界上最靓丽的半程马拉松比赛,以此作为城市历史文化宣传和建筑遗迹保护及创造性利用的窗口,推动文化创意产业的发展。

创意亮点

"轻、透、悬、浮"。

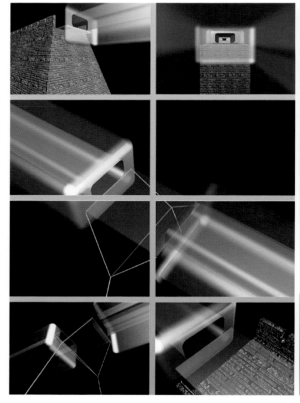

设计师:
周志达　鲍妍驰
设计机构:
无锡市民用建筑设计院有限公司

"似连非连
—— 柔性连接"

"轻，透，悬，浮"

受力平衡图：

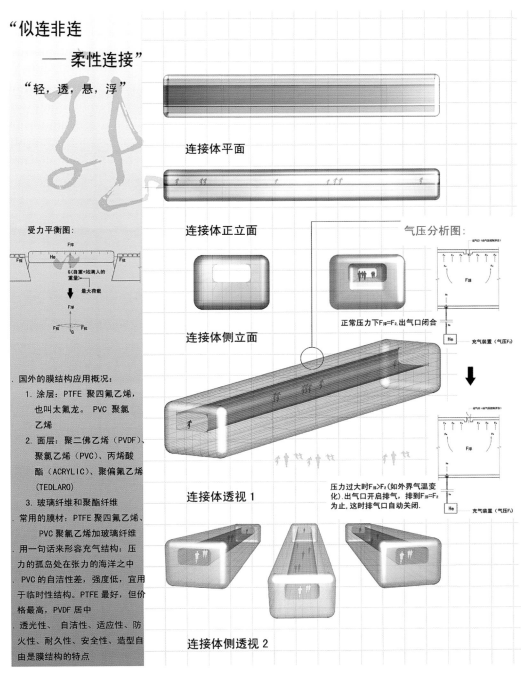

国外的膜结构应用概况：

1. 涂层：PTFE 聚四氟乙烯，也叫太氟龙。PVC 聚氯乙烯

2. 面层：聚二佛乙烯（PVDF）、聚氯乙烯（PVC）、丙烯酸酯（ACRYLIC）、聚偏氟乙烯（TEDLARO）

3. 玻璃纤维和聚酯纤维

常用的膜材：PTFE 聚四氟乙烯、PVC 聚氯乙烯加玻璃纤维

用一句话来形容充气结构：压力的孤岛处在张力的海洋之中

PVC 的自洁性差，强度低，宜用于临时性结构。PTFE 最好，但价格最高，PVDF 居中

透光性、自洁性、适应性、防火性、耐久性、安全性、造型自由是膜结构的特点

连接体平面

连接体正立面

连接体侧立面

连接体透视 1

连接体侧透视 2

气压分析图：

正常压力下 $F_{浮}=F_2$ 出气口闭合

充气装置（气压 F_1）

压力过大时 $F_{浮}>F_2$（如外界气温变化），出气口开启排气，排到 $F_{浮}=F_2$ 为止，这时排气口自动关闭。

充气装置（气压 F_1）

南京清凉门遗址
——保护与更新设计

职业组二等奖

设计说明

　　本方案通过地上地下空间的一体化设计，解决了南京明城墙清凉门段地势过低、被遮蔽与难以到达的问题。尊重自然与环境、强调地域性与独特性、强化人的体验与记忆。从现代简约的入口经历独特的通道，到出通道后跃然眼前的城墙前的朴拙场景，营造出时空穿越感，创造出系列流动空间和特殊的定格空间。通过对入口广场、通道、城墙前这3段的精心组织，我们将空间体验从城市导入，引向历史和自然，最终回归生活。

创意亮点

　　宁静、谦逊、尊重自然的设计理念，现代、简约、隐喻暗示的设计手法，传统和现代材料相结合。随着时间和自然的变化而变化，当你看到它时，就仿佛看到了这座城市的过去、现在和未来。

　　入口建筑采用一个新颖而现代的外壳包裹，其中又隐含历史的片段，利用穿孔金属板、耐候钢、清水混凝土、石笼墙等材料创立出一个充盈着光、自然、平静的入口空间环境；进入通道，穿越了时空，地下通道既解决了居民、车辆和游客分流，在穿行的过程中使人受到历史文化的熏陶；然后再进入储藏真实历史信息的城墙城门前，突出纪念性，营造安静荒凉的氛围，完成一场穿越时空的文化之旅。

设计师：
王刚　牛艳玲
刘敏　朱旭　茅益榛　戴琳钰
设计机构：
南京中艺建筑设计院有限公司
南京铁道职业技术学院

Jiangsu Cultural and Creative Design Competition-Architectural Special Contest, 2014
江苏文化创意设计大赛建筑专项赛 2014
历史空间的当代创新利用
The Contemporary
Innovation And Utilization Of The
Historical Space

城·墙

——南京明城墙创新利用概念方案设计

职业组二等奖

设计说明

（1）以宏观的角度看待南京明城墙，将其作为一个整体考虑，试图恢复其连贯性，通过对城墙空间的创新利用构建城墙文化环；（2）以城墙的复兴为契机，将城墙文化环作为南京历史文化传承的载体，使城墙在城市中散发新的生命力，并以此带动文化的复兴；（3）通过对结合城墙的空间不同类型的研究，结合城墙与城市的关系，对典型节点空间进行设计，希望从中得到启示，在城墙沿线创造更多类似的活力点。

创意亮点

我们提出了一个新的概念，即"城墙文化环、城市博物馆"。将城墙串联成一个环，这个环的形成通过间接的方式，由分散的"点"和"线"共同构成，可以是实体（结合修复的城墙设计关于城墙文化或南京文化的酒店、餐饮、书店等），也可以是虚体（景观与光电艺术的联系）；再根据城墙周边城市空间的不同加以拓展与组合，因地制宜，恰当地传达场所信息，唤起人们对城墙的记忆；并以此作为载体，沿着城墙的踪迹，将南京文化连续地展现并传承，带动城市活力。

专家点评

南城古镇城门是老街的两个重要公共活动空间之一，强化老城门节点，是为了强化公共活动空间的性质。本案并未采用传统的处理手法，而是将城门空间扩大并将各种要素组织在一起，形成了一个博物馆展示空间，当地的传统工艺"乱石砌"成了展示的主线，而城门自身也构成了展示的重要内容。历史脉络的传承、场所精神的塑造、体验与参与的营建达到了很好的统一。

设计师：
周红雷 江文婷 万文霞
设计机构：
江苏省建筑设计研究院有限公司

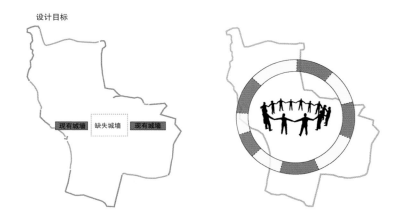

设计目标

现有城墙　缺失城墙　现有城墙

设计策略

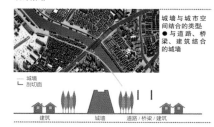

城墙与城市空间结合的类型：
● 与道路、桥梁、建筑结合的城墙

— 城墙
└ 剖切面

建筑 城墙 道路/桥梁/建筑 建筑

1. 与桥梁结合的城墙可利用桥梁下面的负空间设置主题活动或是展览体验空间。
2. 与道路结合的城墙可在道路人行道边设置信息点来完善城墙联系。
3. 在建筑区域内的城墙应结合城墙多设置于居民活动区域。

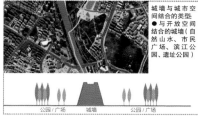

城墙与城市空间结合的类型：
● 与开放空间结合的城墙（自然山水、市民广场、滨江公园、遗址公园）

— 城墙
└ 剖切面

公园/广场 城墙 公园/广场

与开放空间结合的城墙分为两个类型：
1. 老城墙，修旧如旧原则，在城墙附近设置主题活动与展示体验区。
2. 新城墙，可结合主题和展览在城墙内部设计丰富多样的空间，给公园、广场休闲的人更好的去处。

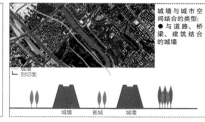

城墙与城市空间结合的类型：
● 与道路、桥梁、建筑结合的城墙

— 城墙
└ 剖切面

城墙 桥/瓮城 城墙

有瓮城和城楼的城墙因其特殊性，本身具有一定的历史性和空间，因此只采用设计信息点的形式来补充和加强其与其他城墙的联系性。

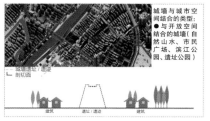

城墙与城市空间结合的类型：
● 与开放空间结合的城墙（自然山水、市民广场、滨江公园、遗址公园）

--- 城墙遗址/遗迹
└ 剖切面

建筑 遗址/遗迹 建筑

1. 在没有城墙实体存在的遗迹区域，宜采用线性的景观带来延续城墙精神，减少破坏性动作的同时给居民带来活动空间。
2. 在有部分遗址的区域，可设置小型的展示点。
3. 在城墙被道路占有区域，设计信息点以提示老城墙区域。

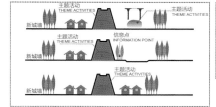

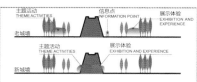

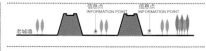

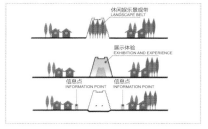

Jiangsu Cultural and Creative Design Competition-Architectural Special Contest, 2014
江苏文化创意设计大赛建筑专项赛 2014
历史空间的当代创新利用
The Contemporary
Innovation And Utilization Of The
Historical Space

"复新"城垣

——南京明城墙的现代复建与修缮

学生组三等奖

设计说明

　　城墙过去作为防御的工事，如今作为文物融入城市的文化景观体系，继续发挥其当代的价值。时代在进步，古物也需要新的血液，对已经消失的古城墙的修复与复原，应该推陈出新，体现时代特点，才能让古城墙焕发出新的生机，更好地融入现代人的生活，传达当代的文化理念。

创意亮点

　　城墙原本是一种阻隔，现在尝试着削弱这种阻碍感，试图将城墙两边的人和物拉近、沟通。人们渴望独立的同时也渴望交流，所以我尝试用榫卯的结构处理加固过的木质材料，创造出一种通透的城墙形态。以新的方式重塑古城墙，保留其原本的结构形态，减弱其原本的阻隔作用，使城墙两边可以沟通、渗透，拉近人们的关系。本方案提炼古城墙建筑的结构精髓，借鉴古人造城的巧妙方式，以现代设计理念为指导，从现代人的生活出发，秉持文物保护的理念，运用新的建筑材料，对城墙复建、修缮展示建筑环境艺术设计做了一系列的研究。

设计师：
刘安

设计机构：
南京师范大学美术学院

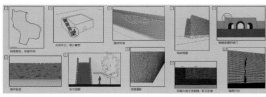

现状问题

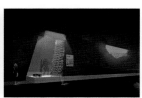

木构城楼概念复原效果图

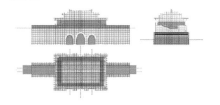

木构城楼三视图及动线示意图

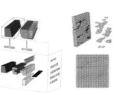

解决策略 1: 光砖　　光砖结构　　解决策略 2: 断壁

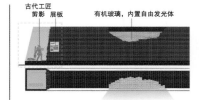

古代工匠
剪影　展板　　有机玻璃，内置自由发光体

Jiangsu Cultural and Creative Design Competition-Architectural Special Contest, 2014
江苏文化创意设计大赛建筑专项赛 2014
历史空间的当代创新利用
The Contemporary
Innovation And Utilization Of The
Historical Space

城垣印象

——南京明城墙遗址资源性保护、改造与创造设计研究

学生组三等奖

设计说明

　　明城墙是南京的一张名片，对它的保护与利用一直是一个重要的城市研究课题。本设计方案以前卫的创新设计，运用先进的材料与技术为城墙设计一系列构筑物与景观，深入发掘城墙蕴含的潜力来更好地为城市布局服务。我们选取了若干城墙断裂处，包括定淮门断点、神策门断点、东水关断点、水西门断点等处，在这些地方根据周边环境与总体规划设计了各式各样的构筑物，这些构筑物功能各异，既有为社区服务的展览馆，也有集餐饮娱乐等为一体的城市综合体。它们完善了城市功能，也为城市生活增添了别样的情趣。

创意亮点

　　不同于一些设计方案对城墙的改造停留在保留传统面貌上，我们的设计致力于挖掘出明城墙更多的潜力。设计的重点在创新性设计，并以新建筑的形态呈现新的功能，新的功能适应新的形态。本方案为历史明城墙的当代利用提供了一条新的思路。

设计师：
李至惟　顾菁雯　王庆娟
设计机构：
南京艺术学院

东水关现状

水西门现状

定淮门现状

神策门现状

东水关廊桥

水西门构造物

定淮门社区展览馆

神策门博物馆外景

Jiangsu Cultural and Creative Design Competition-Architectural Special Contest, 2014
江苏文化创意设计大赛建筑专项赛 2014

历史空间的当代创新利用
The Contemporary
Innovation And Utilization Of The
Historical Space

在城市的历史上，从古代走向近现代的重要标志之一就是工业化的兴起。因此，工业遗产是城市近代转型过程中的特殊遗存，反映出近代产业曾经的兴盛与繁荣，是距离我们较近的一类历史遗产。今天，工业遗产是文化遗产中比较容易创新利用的一类，因其用地规模较大、建筑空间高敞而有可能容纳许多新的城市功能。以工业遗存为题材入册的 13 个获奖设计方案分布于江苏不同城市的人文环境中，以不同方式强调工业遗产作为城市文化资源的特殊价值所在，并以创新性的设计构思呼应时代的发展需求。这些方案为未来的城市改造更新提供了一种新思路，即在工业用地的改造更新中，不是简单的拆迁重建，而是充分利用工业遗产。这既能极大地提高土地本身的综合价值，也有助于提升城市的文化品位，改善城市的经济社会人文环境。

第三篇 | Part3

工业遗产　凤凰涅槃
Industrial heritage, phoenix nirvana

Jiangsu Cultural and Creative Design Competition-Architectural Special Contest, 2014
江苏文化创意设计大赛建筑专项赛 2014
历史空间的当代创新利用
The Contemporary
Innovation And Utilization Of The
Historical Space

工业建筑遗产的保护与再生
——南京煤矿机械厂老厂区改造设计

紫金设计奖优秀奖

设计说明

项目场地现为南京煤矿机械厂，其前身为20世纪50年代的原省农业机械化研究所。本项目设计力求解决工业遗产更新时面临的经济效益与保护之间的矛盾，避免过分追求经济利益而破坏工业遗存的历史价值与美学价值，同时为了防止纯粹保护带来的地块维护费用缺失。本设计从前期策划开始，从创意经济的角度出发讨论改造更新应置换的功能，同时从多角度评估既存建筑，以寻求最合理的更新规模与更新模式。

创意亮点

设计旨在寻求工业历史遗存更大的经济适应性。经过选择性拆除后厂区内的既存建筑——主要位于厂区的南北主轴线上，形成较为完整的历史风貌带，方格形路网结构与开放性场地结构关系较为明确。新建办公单元组群继承原有工厂区的方格形路网，以最大程度的保留工业厂区的空间特征和肌理特征，在经济效益最大化的基础上，通过大小单元混合，营造与原有厂房"秩序、严肃"相对应的"灵活、亲和"的使用空间。将公共服务部分置入老建筑，以实现老建筑的再利用，同时通过公共空间对老建筑美学价值进行充分展示，以此为中心，向 B、C 区辐射小型公共服务空间。

设计师：
潘江海　黄豪　邓珺文　丛佳
设计机构：
南京工业大学

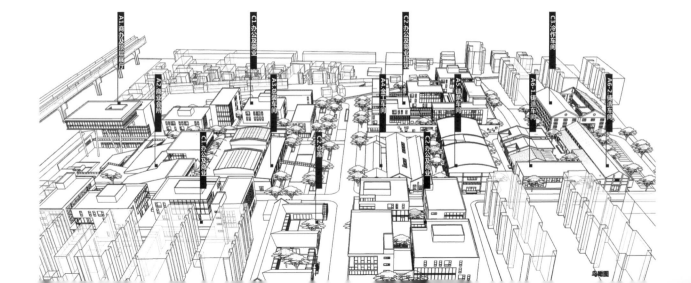

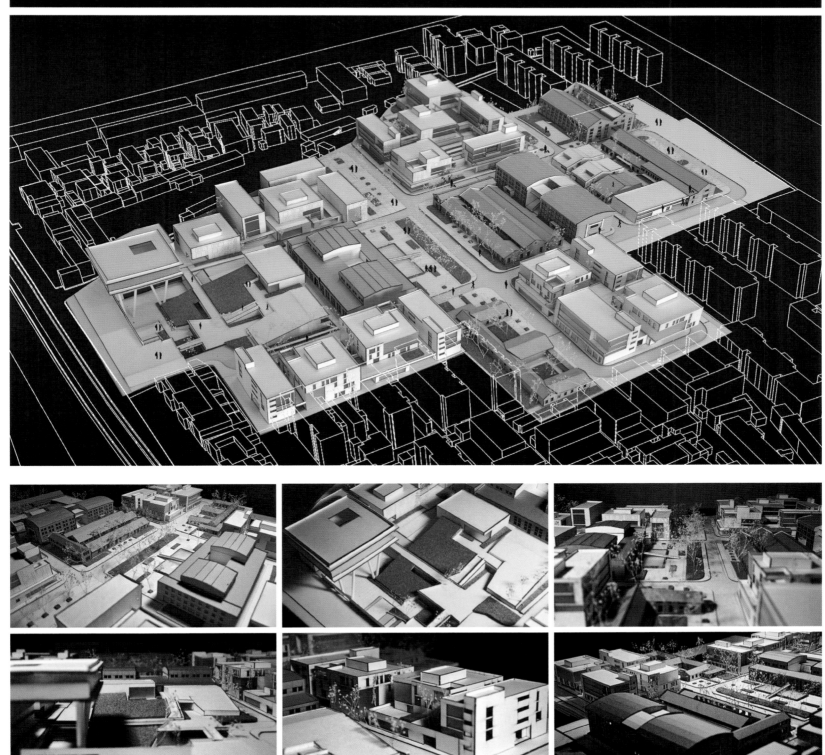

Jiangsu Cultural and Creative Design Competition-Architectural Special Contest, 2014
江苏文化创意设计大赛建筑专项赛 2014
历史空间的当代创新利用
The Contemporary
Innovation And Utilization Of The
Historical Space

慢铁绿道　定格时光

职业组二等奖

设计说明

　　浦口火车站地区的设计聚焦于历史肌理的保护与再利用，历史肌理被选择性地保留和揭示，并且融入了多元化的新体验与意义。设计以物质肌理为载体来创造一种新的文化肌理，部分保留旧貌，部分加以更新，新旧语汇的交织形成了一种活力的共生。

创意亮点

　　（1）保护性与策展性结合的设计方法。以浦口火车站的空间布局为基础与原型，以"前车站时代—车站时代—后车站时代—未来"4个时间线索作为四大主题空间，实现对场地过去的诠释与未来的畅想；（2）在历史"轨道"肌理的基础上，融入城市生活的新肌理，对被"割裂"的城市生活肌理进行"缝补"，沟通周边的城市生活；（3）像乐高积木一样，设计探索"火车车厢"的创新利用与模块组合，使其可以快速组装，成本低廉、环保，同时又具有特殊的艺术形态。

现状肌理分析

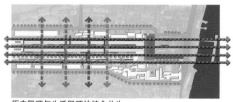

历史肌理与生活肌理的结合共生

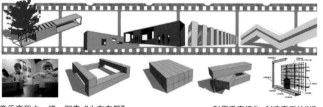

像乐高积木一样，探索"火车车厢"的创新利用与模块组合

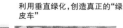

利用垂直绿化，创造真正的"绿皮车"

节点效果

设计师：
蒋舒舒　徐悦
设计机构：
江苏省交通规划设计院股份有限公司

夏桥工业广场更新规划设计

职业组二等奖

设计说明

　　基地位于徐州市贾汪区夏桥煤矿工业广场，该矿始建于1933年，随着新型煤矿的出现以及贾汪区工业输出模式的改革而面临关闭并逐渐废弃的转型问题。设计强调"历史空间的当代创新运用"理念，从城市更新的角度出发，将工业保护、活力发展与景观建设结合起来，将夏桥工业广场改造成为一个集文化展览、休闲体验、商业办公为一体的综合性贾汪区新标识。通过夏桥工业广场的建设，以夏桥煤炭博物馆为核心区，展示煤炭产业发展史，回忆百年矿业文化，弘扬城市精神。

创意亮点

　　（1）保留场地原有工业建筑遗迹，完整展现"煤炭开采"这一事件的内部流线，赋予场地与众不同的特征性；（2）植入一个系统的、灵活的、开放的参观流线，展现场地内在的序列和包容性；（3）采用自然元素作为不同性质场地的界定物，使具备城市开放空间公园属性的场地更加生机勃勃。

餐饮广场　　　　　　　　　　体验馆　　　　　　　　　　煤炭博物馆　　　　　　　　　创意办公区

设计师：
邓元媛　常江　张雅暄　魏云骑　赵雨薇　谷申申　黄志强
设计机构：
中国矿业大学力建学院建筑与城市规划研究所

中心广场效果图　　　廊道入口效果图　　　景观水池效果图　　　休闲屋面效果图

"酱坛坊"
——扬州市三和四美酱菜厂旧厂地块改造设计

职业组二等奖

设计说明

　　该地块位于东关街北侧，大草巷南侧，紧邻东关街商业区。基地为扬州三和四美酱菜厂址。本项目设置三大功能区。（1）全国各地酱菜馆区：展示销售各地酱菜，使游客可以看到、买到全国各地特色酱菜，为扬州旅游增添色彩；（2）民宿区：分两大部分，一部分为院落式客栈，另一部分为家庭式住宿，可鼓励游客住在扬州百姓家里面，享受扬州朴实的民风，也感受家的温暖。这样有利于解决政府拆迁困难问题；（3）酱菜制作展示区：采用传统酱菜制作方法，让游客参观酱菜制作过程，了解酱菜制作方法，也可以自己动手制作酱菜。仓库内储藏酱菜的同时，也为游客提供品尝空间，给客全新感受。依托原有东关街商业氛围，在出入口位置设置休闲廊道、小广场，不仅在造型和功能方面起到纽带作用，更带动了整体的商业气氛。更使有效空间得到了充分延续，提供了全天候的活动空间，提升东关街商业区的整体档次和品质。

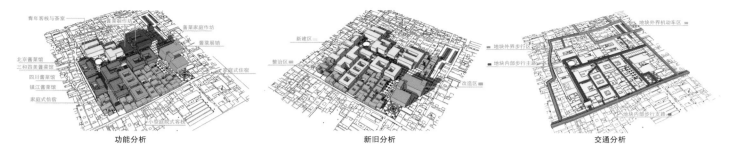

功能分析　　　　　　　　　　　　新旧分析　　　　　　　　　　　　交通分析

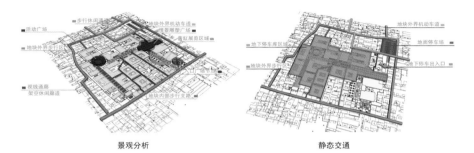

景观分析　　　　　　　　　　　　静态交通

创意亮点

　　以扬州特色的三和四美酱菜为主题，将酱菜文化、酱坛元素融合到本设计中，提升东关街商业及旅游价值，弥补东关街功能空缺，努力解决老城区保护与发展的矛盾。

现状图一

现状图二

景观墙体效果图

酱缸展示效果图

（1）酱缸展示区：在酱菜博物馆前面设置酱缸展示区，酱缸均为三和四美酱菜厂流传下来的，用玻璃罩罩住缸体，供游客参观。

（2）景观墙壁，采用酱缸镶嵌，形成独具特色的景观墙，穿插在整个规划地块内部。碎缸铺地，采用破碎缸片铺成道路，体现本规划酱菜文化

设计师：
陈俊　王珵　贾文娟　李林
设计机构：
扬州市建筑设计研究院有限公司

Jiangsu Cultural and Creative Design Competition-Architectural Special Contest, 2014
江苏文化创意设计大赛建筑专项赛 2014
历史空间的当代创新利用
The Contemporary
Innovation And Utilization Of The
Historical Space

紫金科技创业特别社区
——长安车辆厂厂房改造

职业组二等奖

设计说明

    紫金科技创业特别社区长安车辆厂厂房改造项目位于南京市下关区幕燕风貌区内，本案为厂区内 B 片区中的一个地块，改造用地面积 13 500 平方米，总建筑面积约为 9 000 平方米。

    本次改造是将其闲置的厂房改造为紫金科技创业特别社区的一部分，主要功能为中小企业的孵化器，同时配套有一定的商业、餐饮。本项目意在通过充分利用老厂房的底蕴和文化记忆，打造田园式景观环境，给现代城市人创造休闲怡人的工作场所，同时注重结合现代智能化技术的应用，打造内高效、外恬静的现代理想办公境界。

创意亮点

    从旧建筑本体出发，对其内部空间格局、外部形象塑造、功能结构技术选择以及建筑材料运用等方面进行改造。新增加建筑部分在功能上是对原有建筑的补充和完善，形象上是原有建筑的延续和发展，通过整合设计将新旧建筑融为一个协调和具有特色的整体。

原有建筑图片

场景效果图

设计师：
刘瑞义 李晓红 杨帆远 郭颖莉 赵汗青
设计机构：
江苏省邮电规划设计院有限责任公司

Jiangsu Cultural and Creative Design Competition-Architectural Special Contest, 2014
江苏文化创意设计大赛建筑专项赛 2014
历史空间的当代创新利用
The Contemporary
Innovation And Utilization Of The
Historical Space

流淌的印记
——淮安市新丰面粉厂厂区改造

职业组二等奖

设计说明

  改造项目位于江苏省淮安市，毗邻周恩来童年读书处。项目地块内部建筑大都已经不再具备最初的生产功能和经济效益，部分建筑已破败坍塌。本方案旨在通过一系列的改造措施，发掘现有建筑的社会价值、历史价值和美学研究价值等。

创意亮点

  方案集厂区更新改造、文化历史传承、绿色建筑设计三位一体，一方面通过对内部环境的重新塑造，最大限度地保存了原有建筑的时代气息，另一方面通过对建筑内部功能的重新定义，为建筑注入了新时代的活力，并通过现代建筑的规划设计手段诠释旧建筑在城市发展过程中的新作用。

设计师：
陈士东　丁菲　耿立祥　陈恒泽
设计机构：
江苏美城建筑规划设计院有限公司

■主入口建筑削弱其体积感减缓压迫感并强化其后立筒的形体，突出其主导地位。

■形体高耸的立筒仓通过改造，成为整个园区最有号召力的精神支柱。

■次入口的围墙及大门被拆除，园区内部环境由封闭变为开敞，沿街建筑进行改造，商业氛围进一步加强。

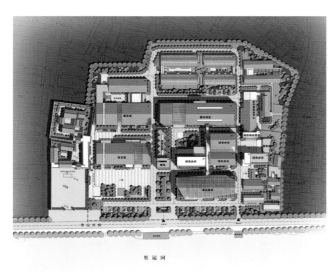

改造后总平面图

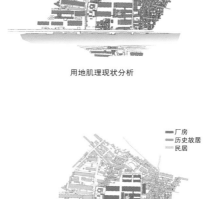

用地肌理现状分析

建筑使用性质现状分析

建筑高度现状分析

绿化现状分析

童年印巷
——淮安青少年文化活动中心设计

职业组二等奖

设计说明

  项目用地位于周恩来童年读书处东边，原淮阴新丰面粉厂厂区，总占地36.7亩（约24 467平方米），总建筑面积约15 000平方米。对读书处旧址及老面粉厂的更新改造是基于对充分开发与利用传统建筑和近代建筑价值的考虑，它们是一个城市历史文化发展的印记，对它们的保护利用，是对种种原因可能将要毁损消失的历史特征及文化特征的延续，使它们在新的历史时期中继续发扬光大。设计将以延续"为中华之崛起而读书"的恩来精神为出发点，用现代的技术与手法叙说新旧建筑间的故事。

创意亮点

　　本设计主要的创意亮点体现在3个方面：（1）充分利用读书处的场地精神，针对特定的现状条件进行设计，历史建筑的文化价值、历史价值得以充分的展现；（2）在建筑设计上充分考虑青少年儿童的心理特征，结合原有建筑的特色提出了"巷"的概念，设计了连廊系统，保留了面粉厂老"巷"的同时，拓展了"巷"的含义，将其定义为一种适合青少年活动的尺度，具有适宜性、灵活性、可达性强的特点。连廊系统不仅是青少年的活动空间，更是联结整个场地内建筑的纽带；（3）在符号语言上延续了读书处古典园林式"花格"及面粉厂预制混凝土花格，设计中有意将该"花格"保留，并简化提炼，以此来体现历史建筑文脉的连续性。

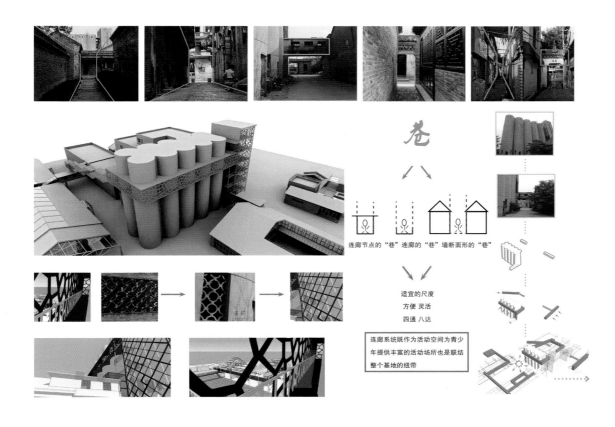

设计师：
蒋雪峰

设计机构：
淮阴工学院建筑工程学院

Jiangsu Cultural and Creative Design Competition-Architectural Special Contest, 2014
江苏文化创意设计大赛建筑专项赛 2014
历史空间的当代创新利用
The Contemporary
Innovation And Utilization Of The
Historical Space

双塔记

学生组三等奖

设计说明

　　本项目以世界遗产文化京杭大运河保护为背景，以绿色建筑设计理念为指导，在现场调研的基础上，结合上位三湾湿地公园规划的要求，提出了"二合一"的设计思路，将原场地内热电厂保留的冷却塔改造再利用，同时与运河遗产博物馆相结合，利用钢结构技术，充分发挥冷却塔内部空间的潜能，创建富有特色的内螺旋式展览空间与外螺旋式塔建筑外形，为大运河遗产沿线历史文化遗产的保护与利用进行有益探索。

创意亮点

　　（1）"二合一"，即把原冷却塔改造利用，与运河遗产博物馆设计合二为一，既节约土地，又节约造价；（2）充分发挥冷却塔内部竖向空间的潜能，创造独特的螺旋式内部展览空间；（3）外形设计结合疏散与观景要求，利用钢结构技术与光电板材料，创建外螺旋塔式建筑表皮，展示扬州传统建筑地域风格。

场地现状　　　　　　　　　　　　　　　　　　　　　现状卫星图　　　　总平面图

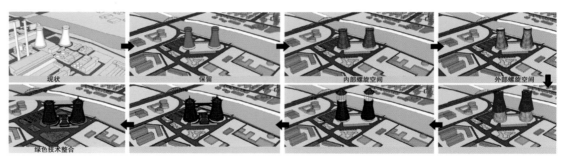

现状　　　　保留　　　　内部螺旋空间　　　　外部螺旋空间

绿色技术整合

设计师：
黄涛　张磊　蒋传埼　陈倩　朱玲玉
设计机构：
扬州大学建工学院

Jiangsu Cultural and Creative Design Competition-Architectural Special Contest, 2014
江苏文化创意设计大赛建筑专项赛 2014
历史空间的当代创新利用
The Contemporary
Innovation And Utilization Of The
Historical Space

徐州市卧牛矿区塌陷地景观设计

——工业废弃地的再生

学生组优秀奖

设计说明

为了弥合工业时代给土地遗留的创伤，我们以桥的形式作为连接塌陷地区域的元素。通过桥的建立，搭建起村落与村落、村落与矿区的遗址、村落与塌陷湖之间的关系，同时桥体贯穿整个区域。以"桥"的方式解决人与环境的矛盾，通过人与生态环境的分离降低相互干扰程度，从而达到低碳发展的目的。对于卧牛山矿区我们对其进行外科手术式的生态恢复，并不主张对其进行大规模的拆除以保留区域文脉。自然环境的自身和原始农业的发展就同时具有生态与景观的功能，通过空中空间的营建，在保留区域中文脉多样性的基础上能够创造多元的空间体验次序，既为生态景观的恢复创造了空间，同时对新发展方式的探索进行了实验。

创意亮点

通过改变由过去依靠资源发展转变为依靠生态发展，即变"灰色动力"为"绿色动力"，是实现低碳景观的重要目标。生态景观环境的营造应包括对空气、水体等生态条件的改善，实现生态环境的宜居，同时为减少人为活动对环境的干扰，还应注重社会问题的解决，探索人际交流和经济发展的新方式。

设计师：
李心怡　余琼　周士园
设计机构：
中国矿业大学

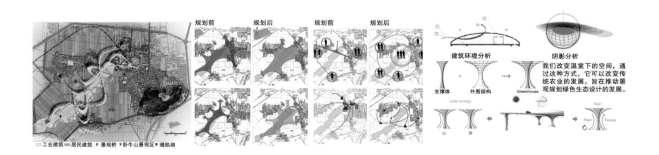

休闲步道　芦苇荡　　　　　　滨湖步道　亲水栈道

洪沟　　　　　　　　　　　　水杉密林　　芦苇荡　亲水栈道

田间步道　草坪灯　　景观灯　　　　　蓄水溪　亲水码头

山体乔木　四季谷物　四季谷物

Jiangsu Cultural and Creative Design Competition-Architectural Special Contest, 2014
江苏文化创意设计大赛建筑专项赛 2014
历史空间的当代创新利用
The Contemporary
Innovation And Utilization Of The
Historical Space

织廊衍巷

——权台历史矿区改造更新设计

学生组优秀奖

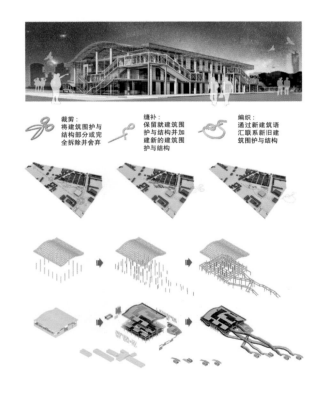

裁剪：
将建筑围护与结构部分或完全拆除并舍弃

缝补：
保留就建筑围护与结构并加建新的建筑围护与结构

编织：
通过新建筑语汇联系新旧建筑围护与结构

设计师：
邢艺凡

设计机构：
中国矿业大学力学与建筑工程学院

设计说明

　　设计用地位于江苏省徐州市权台历史工业矿区，交通便利，周边医疗教育设施完备，又毗邻旧矿生产区，东北部承接潘安湖湿地公园，自然、人文景观丰富，西部多为旧矿家属居住区，人流量大。

　　权台历史矿区正处于转型期，拟改造为权台社区风雨操场，可以成为当地人民休息娱乐追忆旧工业历史的重要场所，我们通过产业结构转型和建筑的可持续性更新进行地域、文脉和场所的延续，将当地特有的工矿历史文化与商业相结合，促成以工矿历史文化为主题的商业体验中心，为当地历史矿区带来活力的同时延续历史文化。

创意亮点

　　本设计理念来源于匠人织布，对作为城市印章的工业废弃地进行可持续性再利用，就如同旧衣服要剪裁要修补。首先，对用地进行分析，原有地块拥堵闭塞，重要交通节点联系缺失，故在对用地上的建筑评估之后进行有目的的裁剪，保留场地中大单体厂房和部分配房；其次，进行改扩建的同时修补场地中缺失的空间节点；最后，将改造后的大建筑单体和小建筑群体进行编织联系，盘活改造用地。本设计在对旧建筑裁剪、缝补和编织的同时充分考虑到当地的场所和文脉，将煤廊、巷道与铁轨融入改造设计中，还原部分空间原型的同时进行部分异化和打散重构，以融入权台这个工业特色地域中。

Jiangsu Cultural and Creative Design Competition-Architectural Special Contest, 2014
江苏文化创意设计大赛建筑专项赛 2014
历史空间的当代创新利用
The Contemporary
Innovation And Utilization Of The
Historical Space

追溯·传承·衍生
——南京北站城市记忆公园景观设计

学生组优秀奖

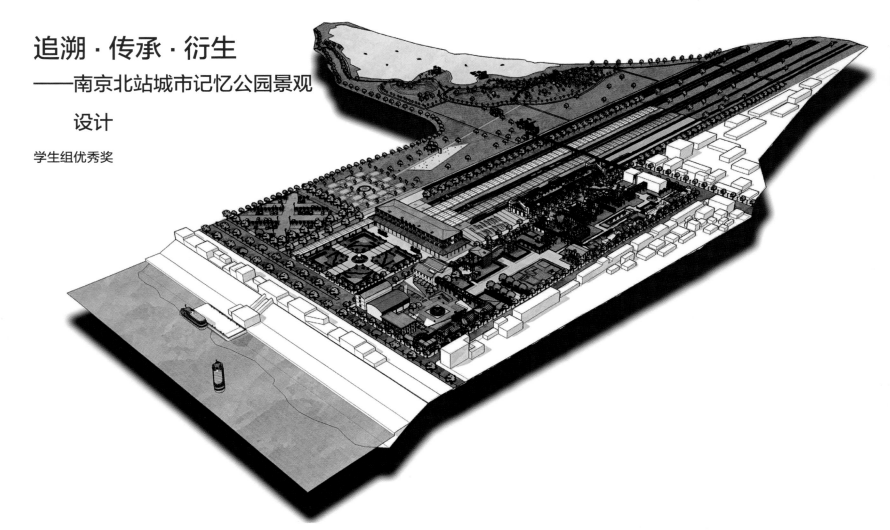

设计师:
包广龙 王晶 王家佳

设计机构:
南京艺术学院设计学院

设计说明

　　位于原津浦线南端,有一个废弃的南京北站(原浦口火车站),它承载着太多过往旅客的记忆,斑驳的建筑、闲置的月台、幽静的长巷、参天的大树,静观着人间的悲欢离合。岁月留下了荒废,但却带不走心中的痕迹。经过仔细调研,在保护历史记忆和建筑的基础上结合地区特点以表现其场地精神,突出人们所承载的记忆,希望能够引进和激活逝去的场地活力,为地区经济振兴注入新鲜的血液。

创意亮点

　　棕地保护的重点在于尊重场地精神,在基于调查的前提下,对于原场地分区块加以保护,并对某些具有普遍记忆的建筑用现代的设计手法加以整修保护,规划建设具有纪念性质的城市公园,而对原住民也可在公园商圈中进行就地就业安置,以期能够探寻出一个解决棕地保护问题的方法。

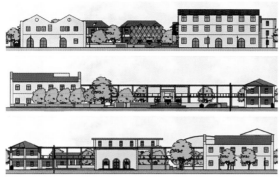

遗址广场立面图

遗址广场鸟瞰图

中央广场鸟瞰图

车站月台鸟瞰图

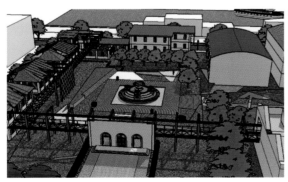

遗址广场鸟瞰图

车站前广场连廊效果图

室内服务台效果图

建筑中庭景观效果图

室外景观效果图

融 · 南京 1865 园区 A2 基地
——工业遗留厂房的重新改造利用

学生组优秀奖

设计师:
史梦莹 黄敏娟
设计机构:
南京艺术学院设计学院

设计说明

　　1865 园区为清朝晚期洋务运动时李鸿章所创建的金陵制造局,是中国近代史上一处重要的建筑群。随着历史的发展,作为工业遗产的 1865 已失去了"工厂"的价值,但作为城市记忆的一部分,我们应该更好地发挥它的文化属性。A2 是园区内一处闲置的锯齿形旧厂房,具有该建筑群的典型特征。我们在设计时保留了原有的建筑结构特色,对建筑景观进行部分改造,使内部空间与外部景观相互连通、相互渗透,采用形式延续变换的方式,达到与原有建筑的融合统一,将其打造为具有展示空间、艺术工作室、创意商铺的综合性休闲娱乐基地。

创意亮点

　　设计借鉴了立体主义的设计手法,利用原有的柱网结构和特色构件的设置,进行空间的分割,提出"灰空间"的设计概念。围绕灰空间重新组织室内的交通流线,明确功能分区,加强室内各空间的联系,使建筑与景观、室内与室外相互融合,体现了"新"与"旧"的对比与交融。

空间设计手法解析

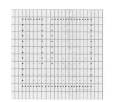

原有柱网系统

旋转柱岗系统形成的空间

旋转、叠加，形成两套空间系统

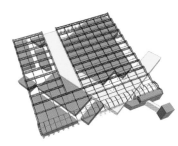

通过灰空间划分出左右2个功能分区，引导了室内各功能空间的交通流线，加强了空间内部联系；模糊了室内与室外的界面，使建筑与景观相互交融

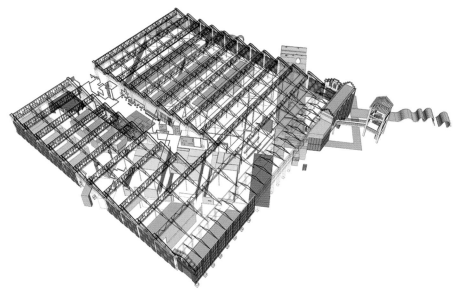

在处理室内空间与室外空间、建筑与景观的关系上，灰空间成为一系列功能空间中的联系纽带，景观延伸进室内，成为建筑的一部分。构筑物沿着墙面、地面、梁柱结构转折、延伸，丰富了室内外空间，给人以另一种空间体验

室内局部效果图

主入口室外效果图

主入口室内效果图

室外景观效果图

Jiangsu Cultural and Creative Design Competition-Architectural Special Contest, 2014
江苏文化创意设计大赛建筑专项赛 **2014**
历史空间的当代创新利用
The Contemporary
Innovation And Utilization Of The
Historical Space

重生·芳桥蚕种场的改造设计研究

学生组优秀奖

设计说明

　　蚕种场是一种特殊类型的建筑，以一种令人惊异的形式展现了现代科学理性的精神——通过整体性的设计对环境进行主动和精密的控制。通过对江苏省内几个重点蚕种场（大福蚕种场、莫干山蚕种场、西漳蚕种场等）的调查研究，我们掌握了蚕种场这种建筑类型在控制建筑内光环境和风环境方面的特征。这批蚕室建筑体现了现代农业科学及其日益专业化的环境要求与地方建造体系的相互作用。

创意亮点

　　对于蚕种场这种特殊类型的建筑不但要进行保护，更要考虑如何实现它们的转型以适应当代社会的需求，如何通过改造的方式使蚕种场建筑重新焕发生命力。在本设计中，力求通过将蚕种场对于科学控制风环境的技术以及现代空间组织方式和新的功能植入结合起来，实现芳桥蚕种场的重生和复兴。

设计师：
孙昕
设计机构：
南京大学建筑与城市规划学院

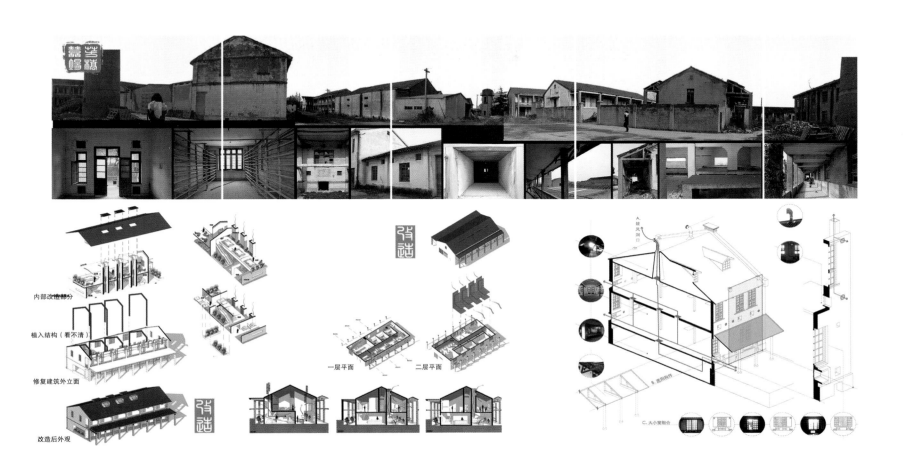

内部改造部分

植入结构（看不清）

修复建筑外立面

改造后外观

一层平面   二层平面

Jiangsu Cultural and Creative Design Competition-Architectural Special Contest, 2014
江苏文化创意设计大赛建筑专项赛 2014

历史空间的当代创新利用
The Contemporary
Innovation And Utilization Of The
Historical Space

百余年前，铁路的开通带动了沿线城镇的变革，促进了沿线城镇的工业化和现代化，也为今天留下了许多重要的相关遗产。我国近代最重要的两条交通大动脉"津浦铁路"和"陇海铁路"都穿江苏而过，推进了当时的江苏从传统的"运河时代"向"铁路时代"的快速转型。随着城市的发展演变，一些铁路或铁路专用线及其相关设施逐渐成为历史遗存，如何将这些"切分"城市空间的消极要素合理改造、转换成为"缝合"城市空间的积极要素，是创意竞赛中必须面临的挑战，以交通记忆为题材入册的5个获奖设计方案，都力图变不利因素为有利因素，将原本单调的空间改造成富有想象力和吸引力的城市公共空间。

第四篇 | Part4

交通记忆 精彩绽放
Traffic memory, wonderful blooming

Jiangsu Cultural and Creative Design Competition-Architectural Special Contest, 2014
江苏文化创意设计大赛建筑专项赛 2014
历史空间的当代创新利用
The Contemporary
Innovation And Utilization Of The
Historical Space

遗址上的生态启示公园

紫金设计奖金奖

设计说明

本案利用了南京下关轮渡码头历史遗址，在保护历史遗址的前提下呈现生态主题，将历史文化保护和生态文明启示有机结合，将过去的"历史"和未来的"历史"有机连接。设计利用逆向思维，让灾难的场景出现在人们面前，让人们在参观历史遗址的同时去体验发生生态灾难时的情景，从而启发人们去爱护环境、保护大自然，对参观人群有着很好的教育意义。

创意亮点

（1）扇状阵列的红房子紧密遍布在重要景观节点，从而形成主题公园的标志性元素；（2）空中泳池：在轮渡所遗址第一节骨架中，建设悬浮在空中的空中泳池。游泳者可体会在南京上空畅游的感觉；（3）地震体验区：地震体验是给参与探知的人们的告诫；（4）缝合断层展览馆：建筑本身利用新技术环保理念与生态相结合。屋顶与地面坡度结合，并植入草坡大玻璃装置，相互渗透；（5）"潜伏湿地"可以按照水体的不同任意组合，并随水位波动，始终悬浮于水面下的一定深度，还可以在水中移动，哪里水质不好，就可以把它拖到哪里，依靠生物吸收、自然氧化、沉淀和过滤营造出类似天然湿地的"生态自洁水域"。

专家点评

该方案选取了南京下关滨江一块历史文化价值、生态敏感性、景观显示度及空间整治难度都很高的地块作为用地，因此设计面临着异乎寻常的挑战。方案以营造具有综合意义的城市历史景观为切入点，将用地内各种历史元素——废弃的码头、火车轮渡栈桥及防波堤残迹，甚至各种建筑垃圾都一一利用起来，再现下关码头区百余年的历史，为城市提供了一处内涵丰富且环境优美的文化场所。

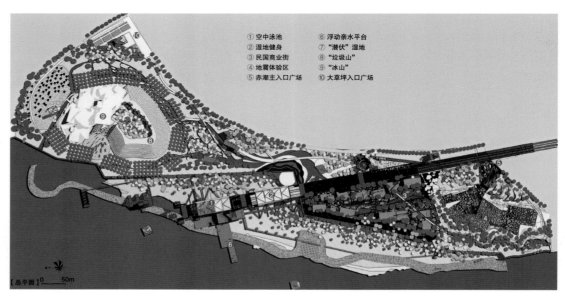

① 空中泳池　⑥ 浮动亲水平台
② 湿地健身　⑦ "潜伏"湿地
③ 民国商业街　⑧ "垃圾山"
④ 地震体验区　⑨ "冰山"
⑤ 赤潮主入口广场　⑩ 大草坪入口广场

【总平面】 0　50m

设计师：
蔺要同

设计机构：
南京艺术学院

鸟瞰效果图

设计效果图

设计效果图

设计效果图

恩格斯说："我们不要过分陶醉于我们对自然界的胜利。对于每一次这样的胜利，自然界都报复了我们。"

的确，环境问题每时每刻地困扰着整个世界。然而，悲剧又是谁一手导演的呢？是人类。从古猿的出现到现在高度发达的文明时代，人类从未停止过向大自然索取，大自然也是"有求必应"，这更滋长了人类的贪欲。他们在地球上大肆砍伐树木，建立化工厂，排污排废……

于是，曾经山清水秀、一片蔚蓝的地球母亲现去已是满目疮痍，乌烟瘴气

Jiangsu Cultural and Creative Design Competition-Architectural Special Contest, 2014
江苏文化创意设计大赛建筑专项赛 2014
历史空间的当代创新利用
The Contemporary
Innovation And Utilization Of The
Historical Space

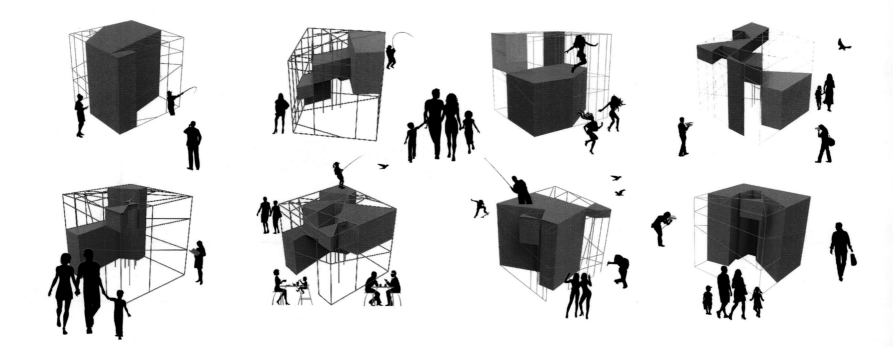

湿地是地球上具有多种功能的生态系统，可以沉淀、排除、吸收和降解有毒物质，因而被誉为"地球之肾"。
潜伏在水中且生长着植物的人造湿地——"潜伏湿地"，可以按照水体的不同任意组合，并随水位波动，始终悬浮于水面下的一定深度，还可以在水中移动，哪里水质不好，就可以把它拖到哪里，依靠生物吸收、自然氧化、沉淀和过滤营造出类似天然湿地的"生态自洁水域"

Jiangsu Cultural and Creative Design Competition-Architectural Special Contest, 2014
江苏文化创意设计大赛建筑专项赛 2014
历史空间的当代创新利用
The Contemporary
Innovation And Utilization Of The
Historical Space

灾难启示公园

——爆炸遗址地景观改造

紫金设计奖优秀奖

设计说明

　　基地原是某城市化工爆炸后的灾难遗址地，安全事故后灾难记忆不应被忘记，而应成为警示人们追寻科学发展、可持续发展的启示物。本设计以灾难记忆为背景，是一座综合性纪念公园。

创意亮点

　　规划设计将灾难遗址地的纪念性与城市公共空间相结合，通过对灾后自然生态的修复、纪念和公共活动的空间营造，引发人们对城市化快速发展过程中安全问题的思考。

鸟瞰图

天然气化工（记念园）·纪念广场

天然气化工（记念园）·墓园

天然气化工（记念园）·雕塑园

天然气化工（记念园）·阳光草坪

煤炭化工（水体乐园）

石油化工（共享园）

设计师：
宋春苑
设计机构：
江南大学设计学院

农业化工（苗圃园）

水体乐园和苗圃园剖面

Jiangsu Cultural and Creative Design Competition-Architectural Special Contest, 2014
江苏文化创意设计大赛建筑专项赛 2014
历史空间的当代创新利用
The Contemporary
Innovation And Utilization Of The
Historical Space

轨道寄生体

——"BOX"植入旧铁路空间的多种可能

职业组二等奖

设计说明

　　斑驳的街道，陈黄的建筑，是浦口火车站的现状。本方案是在浦口火车站地块失去原有功能和生机活力的背景下，针对浦口火车站丰富的人文历史记忆在人的脑海中逐渐褪落的环境，用集装箱这一轻便的货运工具，改造成符合人尺度和需求的多样化空间，并植入景观当中，同时又将历史以陈列的方式唤起人们记忆，抑制该地块功能性和人文性的衰退。我们想做的是一种创造性的"改变"。

创意亮点

　　（1）保留原来的历史建筑，对其不做大面积的修改，在原有界面上植入新的功能性空间；（2）"集装箱"的运用使空间灵活多变；（3）铁路＋集装箱＋货运火车头＝可移动式观览房屋；（4）具有人文价值的历史事件记录在由集装箱组合而成的展馆内；（5）主题音乐厅、风格酒吧等设施能够吸引不同年龄的人群前往。

现状照片一　　　　　　　　现状照片二　　　　　　　　现状照片三　　　　　　　　现状照片四

滨水效果图一　　　　　　　滨水效果图二　　　　　　　鸟瞰节点效果　　　　　　　移动住宅解析

商业模式空中花园模型一　　商业模式空中花园模型二　　博物馆艺术展厅模型　　　　数字历史音乐厅、风格酒吧模型

设计师：
刘一凡　张仕博　吴佳乐　丁丽君
设计机构：
南京艺术学院

Jiangsu Cultural and Creative Design Competition-Architectural Special Contest, 2014
江苏文化创意设计大赛建筑专项赛 2014
历史空间的当代创新利用
The Contemporary
Innovation And Utilization Of The
Historical Space

南京西站货场改造

学生组三等奖

设计说明

　　设计选址为南京建宁路火车西站货场。整个场地被铁道、建宁路、护城河与旧城墙分割为 4 个断层，但它作为城市发展的交通要道，势必要打破城墙和铁道对它的限制。设计打通基地内外的路径，从根本上解决交通的拥挤和人流的混乱，并将创意园区和城市公园引入原有货场，基地归还城市空间的同时，利用工业建筑的改造驱动基地内人口、交通、甚至功能的更新，使原本封闭的场所重新焕发生机。

创意亮点

　　设计在原有基础上构架出既具有时代感却又饱含回忆的记忆场所。它与城市息息相关，似乎是整个城市生长的年轮，可独自言说关于城市的一段故事，并昭示着城市更加灿烂的未来。设计以城市的角度切入具体建筑改造、将基地置入城市进行生态划分、以局部带动整体更新等一系列方法，如保留工业建筑原本结构，利用其内部大空间布置展示空间、商铺以及办公单元等，最终达到保留历史风貌、将基地归还到城市空间、为城市注入新的活力的效果。

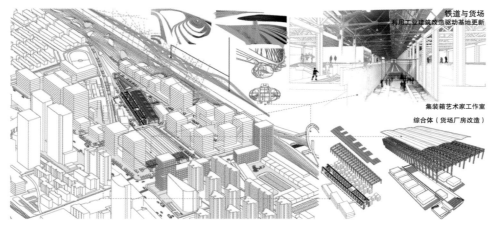

铁道与货场
利用工业建筑改造驱动基地更新

集装箱艺术家工作室
综合体（货场厂房改造）

基地现状

铁路高架　　　西站货场　　　护城河

生态分析

策略研究

试图通过对基地内已有建筑类型的归类和改造意向进行结合，得出基地内部最佳契合的改造方式

设计师：
徐少敏　刘彦辰　符靓璇　刘莹
设计机构：
南京大学建筑与城市规划学院

线性展示广场

摩天轮

开放空间

开放空间

SOHO 广场

铁路主题公园

Jiangsu Cultural and Creative Design Competition-Architectural Special Contest, 2014
江苏文化创意设计大赛建筑专项赛 2014
历史空间的当代创新利用
The Contemporary
Innovation And Utilization Of The
Historical Space

西站往事 · 1908

学生组优秀奖

设计说明

　　设计选取下关火车站作为项目基地，以南京西站为设计背景，以"观""游""行"贯穿整个浏览路线。曾经的一切繁荣与感动，都因"火车"而起，"渐行"成了整个空间的线性元素。整个空间包括建筑物、构筑物、废弃的铁轨和停用的器械，这种带有历史与记忆的痕迹是整个设计的核心景观，是串成浏览的关键点。整体设计围绕火车元素展开，铁路的轨道形态拉开了对1908年的记忆。

创意亮点

　　建筑发展不断更新、变化，在新陈代谢的过程中保留历史的产物，注入新的生命，寓意设计之后新生、再生的痕迹。南京西站整体改造项目运用历史的线性关系，让历史重生、再生。"痕迹"的概念兼顾了历史遗留下来的"痕"，同时将赋予整个场地新的"迹"结合起来，二者共同来阐述整个设计所需要表达的旧与新的融合、历史与现代的交织。

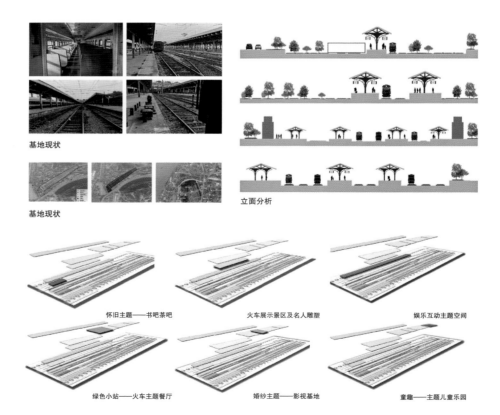

基地现状

基地现状

立面分析

怀旧主题——书吧茶吧　　火车展示景区及名人雕塑　　娱乐互动主题空间

绿色小站——火车主题餐厅　　婚纱主题——影视基地　　童趣——主题儿童乐园

设计师：
张校　殷贝贝　戴玲　朱佳丽　孟玲
设计机构：
南京艺术学院

Jiangsu Cultural and Creative Design Competition-Architectural Special Contest, 2014

江苏文化创意设计大赛建筑专项赛 2014

历史空间的当代创新利用
The Contemporary
Innovation And Utilization Of The
Historical Space

中国地域广阔，农耕文明持续千年，形成了大量文化遗存丰富、能较完整地反映一些历史时期传统风貌和地方特色的镇和村。传统村镇承载着中华传统文化的精华，是农耕文明时代不可再生的文化遗产，凝聚着中华民族的精神，是维系华夏子孙文化认同的纽带，是保留繁荣发展民族文化多样性的根基。但随着城镇化的快速发展，传统村镇衰落、消失的现象加剧，加强传统村镇的保护与再发展刻不容缓。2003年以来，我国逐渐建立了历史文化名镇名村保护制度，2012年又开始了传统村落的登录普查工作。本次入册的以传统村镇为题材的7个获奖设计方案，均努力在顺应新型城镇化和社会转型的同时留住"乡愁"，在保护传承的前提下实现从传统聚落到新型村镇的转型。这些方案揭示出新型城镇化与农业文明并非对立矛盾，处理得当亦可相得益彰。

第五篇 | Part5

传统村落 创新发展
Traditional village, innovation and development

Jiangsu Cultural and Creative Design Competition-Architectural Special Contest, 2014
江苏文化创意设计大赛建筑专项赛 2014
历史空间的当代创新利用
The Contemporary
Innovation And Utilization Of The
Historical Space

原乡 · 新生

紫金设计奖银奖

设计说明

　　基地位于"中国水蜜桃之乡"无锡市惠山区阳山镇,规划总占地面积 6 246 亩(约 416.4 公顷)。

　　在新型城镇化、美丽乡村、产城一体化等理念的指导下,为应对原乡的变迁,本设计探索一种因地制宜的"美好乡村"建设思路。

　　规划提出"生产、生活、生态"融合的"三生"理念。通过发展第一、第二、第三产业,丰富乡村原有生活方式,重塑新型乡村生活空间,加强原住民与游客的生活体验,为人们提供本色的自然风貌,打造绿色、低碳的乡村环境。

创意亮点

　　通过发展"1×2×3"的第六产业,复原与自然和谐共生的原乡风貌,让人们望得见山、看得见水、记得住乡愁,重新体验田园生活,开辟一种全新的现代化乡村发展模式与生活方式,将传统风貌与现代生活充分融合。

专家点评

　　该方案思路开阔、立意高远。设计者以无锡阳山县乡村历史文化环境为背景、以文化传承与环境改善为目标、以传统农业产业提升为机制,不仅在方案中着力延续乡村文脉,而且在此基础上提出传统乡村环境与产业公共化、生态化的设想,将文化遗产转变为推进乡村可持续发展的驱动力,为加速江苏"美好乡村"建设提供了思路。

设计师:
林娟　崔晨勇　张旭　吴寅妮　刘芳
洪礼宾　姜超
设计机构:
江苏筑森建筑设计有限公司

① 田园度假　⑧ 江南小镇

② 养心度假　⑨ 梦幻庄园

③ 垂钓乐园　⑩ 采摘亭

④ 芦苇荡　　⑪ 薰衣草花田

⑤ 江南水街　⑫ 江南文院

⑥ 婚礼小镇　⑬ 田园农庄

⑦ 啤酒庄园　⑭ 别墅示范区

京杭运河浒墅关古镇滨水区复兴

紫金设计奖优秀奖

设计师：
陈泳　黄印武
设计机构：
苏州九城都市建筑设计有限公司

设计说明

　　苏州浒墅关古镇历经千年的沧桑演变，形成了地方性的空间品质和文化景观，但目前面临着交通模式变迁、产业结构转型和生活环境衰败等问题。本设计强调滨水地区复兴的理念，将历史文化保护、活力发展与景观建设结合起来，注重自然山水、建筑、桥梁、道路、广场、绿地和历史遗存等城市要素的整合，并在发扬历史文化、发展滨水空间、提供公共服务注入新产业以及营造人居环境等方面积极探索，提出了建设具有历史意象、现代活力特征的，居民宜居乐居和令观光者流连忘返的运河名镇目标。

创意亮点

（1）通过显关、露水和怀古等手段强化"古镇意象"，在此基础上构建新的老镇中心区公共空间结构；（2）充分利用京杭运河的生态景观特色和历史文化资源，建立镇区面向运河，延续与拓展运河的生长脉络与特色的空间；（3）建设老镇中心区的复合功能结构，促进各种活动的有机组织和相互融合，推进地区繁荣。

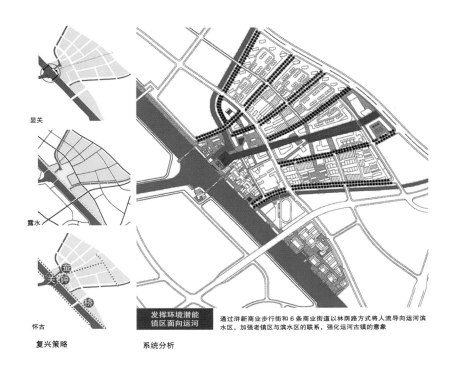

显关

露水

怀古

复兴策略

系统分析

发挥环境潜能
镇区面向运河

通过浒新商业步行街和6条商业街道以林荫路方式将人流导向运河滨水区，加强老镇区与滨水区的联系，强化运河古镇的意象

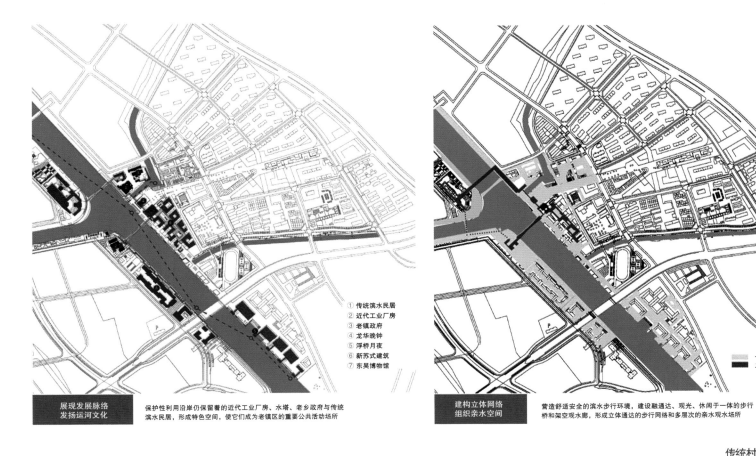

① 传统滨水民居
② 近代工业厂房
③ 老镇政府
④ 龙华晚钟
⑤ 浮桥月夜
⑥ 新苏式建筑
⑦ 东吴博物馆

展现发展脉络
发扬运河文化

保护性利用沿岸仍保留着的近代工业厂房、水塔、老乡政府与传统滨水民居，形成特色空间，使它们成为老镇区的重要公共活动场所

一层步行体系
二层步行体系

建构立体网络
组织亲水空间

营造舒适安全的滨水步行环境，建设融通达、观光、休闲于一体的步行桥和架空观水廊，形成立体通达的步行网络和多层次的亲水观水场所

Jiangsu Cultural and Creative Design Competition-Architectural Special Contest, 2014
江苏文化创意设计大赛建筑专项赛 2014
历史空间的当代创新利用
The Contemporary
Innovation And Utilization Of The
Historical Space

礼社古村落养老旅游开发

紫金设计奖优秀奖

设计说明

　　礼社位于无锡西北的玉祁镇，是"中国历史文化名村"。本案为实现礼社村的长远和可持续发展，通过设计定位，旨在将礼社打造成自由开放、互动式的养老旅游村落，使其能够在继承发扬本土文化精神的基础上找到自己的可持续绿色经济出路，以焕发礼社古村落的新生。

　　礼社养老村落的开发，鼓励由政府与民间双方协商，共同建设，使养老产业转为政府引导，分散到古镇各个家庭承担。以家庭旅馆的经营方式，参照政府改造的样板房，每个家庭根据实际情况对老宅进行修缮改造使其符合市场运营。政府可根据标准给予补贴和奖励，调动当地居民的积极性，避免一次性投入大量财力改造维护古村，而改造的也许并非原住民所需。政府初期提供财力支持组织对外推广和引导奖励，同时根据发展需求完善配套设施。随着发展，政府逐渐退出，由村落行业协会接手管理，使古村落的发展最终走上市场经济道路。

　　本案选定在薛家浜北侧空地新建老年活动中心，有效地串联起周边的历史文化保护建筑，使它们融入进来并形成依托古码头的老年活动圈。引入古建筑的"雨廊"，犹如古村落建筑群的立面剪影，完全依据地形变化包裹出建筑空间，为老年人提供了适宜的户外交流集散空间。

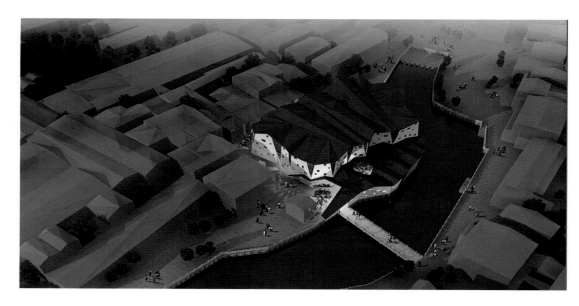

设计师：
吴立东　史旭平　谢圣玥　施伯辰　申新民
设计机构：
无锡澳中艾迪艾斯建筑设计有限公司

创意亮点

通过设计，将礼社村落打造成一个自由开放互动式的养老旅游村落，使其满足当代老年人心理及日常行为活动需求，并与当地社会活动相互渗透补充，最终实现礼社养老产业的差异化可持续发展。

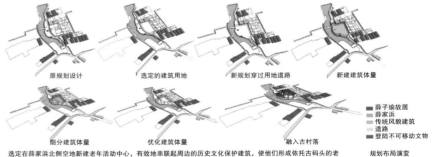

原规划设计	选定的建筑用地	新规划穿过用地道路	新建建筑体量
细分建筑体量	优化建筑体量		融入古村落

■ 薛子瑜故居
■ 薛家浜
■ 传统风貌建筑
■ 道路
■ 登陆不可移动文物

规划布局演变

选定在薛家浜北侧空地新建老年活动中心，有效地串联起周边的历史文化保护建筑，使他们形成依托古码头的老年活动圈。机动车道的改道沿地块外围走不仅使老宅和新建能保持足够的间距，也有效释放了沿河的景观利用。犹如古村落建筑群的立面剪影完全依据地形线变化包裹出建筑空间，最高效利用了土地。切削的建筑体量最小化其给当地带来的影响，同时提供了步移景异的视觉。

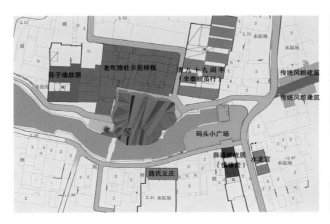

印·院
——南通余西古镇蓝印花布生活馆概念设计

职业组二等奖

设计说明

　　蓝印花布是我国民间传统印染工艺品，南通是蓝印花布的主产地，以余西古镇为代表的集镇在唐宋年间就建有染坊，历史悠久，影响深远。

　　设计以历史空间为研究对象，着重在古镇层面考虑，有意识地消解边界尺度，呼应周边环境，引入非物质文化内核，改造复合空间功能，以达到"重塑古镇文化，激活社区生活"的设计目标。本着传承传统文化和尊重周边古镇环境的态度，结合"印"的现代艺术形态和"院"的空间结构，同时把握古镇中的空间形态和建筑尺度，在保留原厂房主体结构的基础上设计出古今结合、层次错落有致的院落式建筑。

创意亮点

　　（1）设计定位于服务多种人群的生活馆，包含展览、社区中心、艺术工作室及青年旅社等多重功能；（2）利用砖、瓦、竹、木、布、玻璃等传统和现代的材料，呼应古镇整体风格的同时，建构了新的院落空间；（3）展览流线以时间为顺序，由古至今，多个富有意境的主题空间为参观者营造丰富的文化及空间体验。

设计师：
戴夕华　邱剑锋　王芳
设计机构：
南通四建集团建筑设计有限公司

建筑空间剖透视

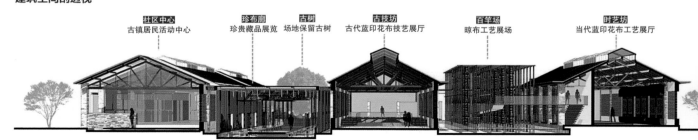

社区中心 古镇居民活动中心　珍布廊 珍贵藏品展览　古树 场地保留古树　古技坊 古代蓝印花布技艺展厅　百竿场 晾布工艺展场　时艺坊 当代蓝印花布工艺展厅

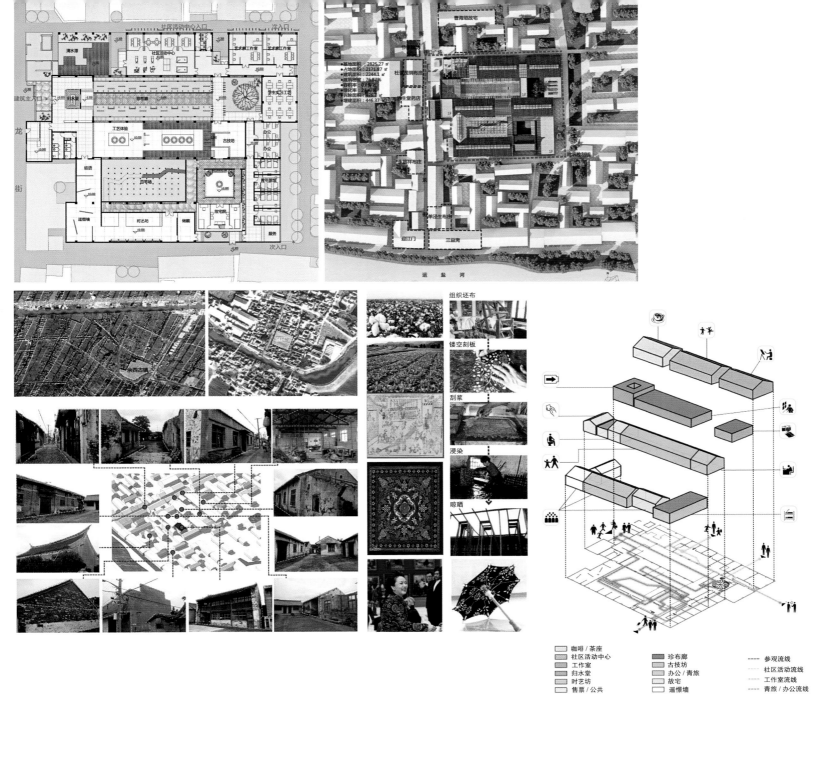

组织坯布

镂空刻板

刮浆

浸染

晾晒

	咖啡 / 茶座		珍布廊		参观流线
	社区活动中心		古技坊		社区活动流线
	工作室		办公 / 青旅		工作室流线
	归水堂		故宅		青旅 / 办公流线
	时艺坊		遥憬墙		
	售票 / 公共				

归水堂
生活馆入口门厅

珍布廊
珍贵藏品展览

古树
场地保留古树

艺术工作室
设计师、学生创意工作室

Jiangsu Cultural and Creative Design Competition-Architectural Special Contest, 2014
江苏文化创意设计大赛建筑专项赛 2014
历史空间的当代创新利用
The Contemporary
Innovation And Utilization Of The
Historical Space

新·生长

职业组二等奖

设计说明

本案选址位于同里古镇，是典型的江南水乡传统民居聚落。基地位于古镇西部的鱼行街西北地块。该处建筑组群仍保留了居住的基本功能，基地内建筑密度较高，建筑质量参差不齐、整体偏低。

本案提出模块化设计思路，采用单元拼接方式完成多种不同户型设计，对不同户型进行组合，从而达到新设计思路下的传统民居建筑组群空间形态重构，力求更新设计与既有环境的融合。同时结合生态设计理念，提取出建筑物理环境中典型的风、光、热三方面环境特征进行优化设计，倡导绿色节能的主题。

创意亮点

针对现状古镇居住环境提出的模块化住宅设计理念；从风、光、热等建筑物理角度提出生态改良策略，打造古镇中的新型生态宜居住宅；建筑造型结合古镇环境和技术措施，突出富有意境的江南水乡风格。

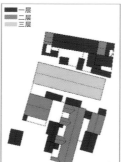
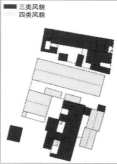
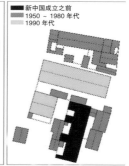

设计师：
王琪　何永乐

设计机构：
东南大学建筑设计研究院有限公司

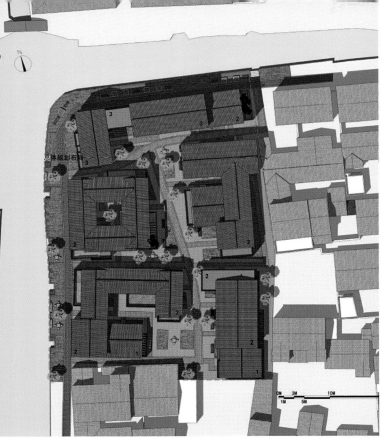

总体规划布局

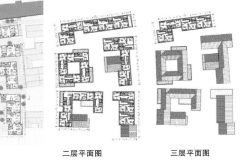

一层平面图

二层平面图

三层平面图

Jiangsu Cultural and Creative Design Competition-Architectural Special Contest, 2014
江苏文化创意设计大赛建筑专项赛 2014
历史空间的当代创新利用
The Contemporary
Innovation And Utilization Of The
Historical Space

宁静的生动

职业组二等奖

设计说明

设计立足村口，考量全村，在两祠堂（徐氏宗祠和敬修堂）之间加建一处错落有致、造型朴素的建筑群，为全村村民提供一个休闲娱乐、学习交流的场所，同时为村民创造一个接近历史体验文化又具有现代生活方式的"活力社区"中心，也起到加强村口作为全村的主要聚集地和村庄第一印象的作用。

村庄入口历史空间的方案设计，打破了原有入口空间的杂乱无序、陈旧颓败，以及村民对村口的漠视，在宁静的历史氛围中营造了一个活泼生动的景观，创设出一种宁静致远的历史氛围。

创意亮点

根据村民生活现状，结合古村特有要素，设计在村口 2 座最重要的古祠堂之间加建一处"社区活动中心"建筑群。建筑在布局形式上依据古村错落的街巷肌理，在单体的设计上，抽取古典特征的双坡屋顶，结合现代建筑的几何形式以及屋顶，建筑的立面选材来自村内常见的石材，以斜向的肌理形式结合墙体绿化，创造一种别致的建筑景观。在功能定位上，建筑群集活动室、图书馆、展览馆和品茗室于一体，提升村民生活水平的同时也服务了游客。

方案鸟瞰效果

村口水池及广场景观效果

入口服务建筑

徐氏宗祠前广场效果

设计师：
李飞　刘晓丽　吴昊　段亚轩
设计机构：
江苏省城市规划设计研究院

方案总平面图

Jiangsu Cultural and Creative Design Competition-Architectural Special Contest, 2014
江苏文化创意设计大赛建筑专项赛 2014
历史空间的当代创新利用
The Contemporary
Innovation And Utilization Of The
Historical Space

明日的记忆
——东村古民居空间创新利用

学生组优秀奖

设计说明

　　西山东村古村坐落于西山岛北，历史悠久。随着时间的推移和风吹雨淋，村落环境逐渐衰败。居民也日渐丧失对历史空间的喜爱。东村存在较多的闲置空间，但是缺少村民公共活动的区域，如何利用衰败闲置空间，形成与周围历史建筑的围合，创造出适合东村当代发展模式的宜人的交流的新空间，为东村创造出基于历史文脉的新记忆是本方案探讨的话题。

创意亮点

　　设计选址为村落西南角被明清古建筑围合的破旧空间，利用其中的历史肌理与现状结构，通过透视与架构 2 种基本形式，对场地内的历史元素与历史结构进行保护、展示和创新利用。沿着游赏路径设计了记忆之巷、记忆之门、记忆之廊和记忆之曲。整个序列集合不同的元素，串联不同的景物，创造出属于东村别样的明日记忆。

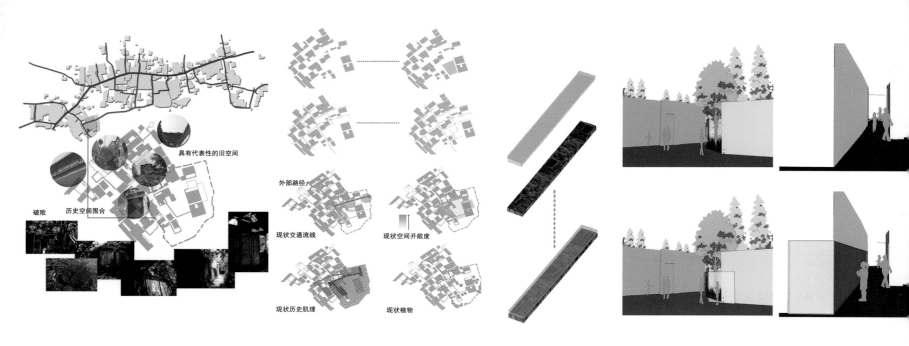

具有代表性的旧空间

破败　　历史空间围合

外部路径

现状交通流线　　现状空间开敞度

现状历史肌理　　现状植物

设计师:
刘骥　张晓天　孙嬿　薛全

设计机构:
江苏省城市规划设计研究院

Jiangsu Cultural and Creative Design Competition-Architectural Special Contest, 2014

江苏文化创意设计大赛建筑专项赛 2014

历史空间的当代创新利用

The Contemporary
Innovation And Utilization Of The
Historical Space

历史建筑主要是指具有一定历史、科学和艺术价值，反映城市历史风貌和地方特色的建（构）筑物。这些点式单体遗存广泛分布于我们的城镇和乡村，具有数量大、分布广的特点。同时在不断的城市扩张中，往往又处于脆弱、易被忽视的尴尬地位。因此，历史建筑在当代的创新利用，为世界各国所重视，相应产生了不少优秀的传世设计作品。以历史建筑为题材入册的 9 个获奖设计方案，有的利用既有建筑的物质结构空间实现新的用途转化，有的强化历史记忆创造新的文化空间，有的突破既有的博物馆式保护观念，力图实现历史与当代的时空穿越。总之，历史建筑空间的创新利用，是一个不断探索的长期课题，也是我国文化资源可持续利用和发展的重要策略。

第六篇 ｜ Part6

历史建筑 保护传承

Historical building, protection and inheritance

Jiangsu Cultural and Creative Design Competition-Architectural Special Contest, 2014
江苏文化创意设计大赛建筑专项赛 2014
历史空间的当代创新利用
The Contemporary
Innovation And Utilization Of The
Historical Space

工艺实习场

紫金设计奖铜奖

设计说明

境即环境，本次设计将向内的校园文物建筑转换为向外开放的校园文化馆，使其融入城市环境并成为市民的一处休闲教育基地。

物即建筑物，老建筑物修旧如旧，在加固修缮的基础上应尽量展现建筑物的原貌。

形即形式，室内设计采用与建筑本体分离的设计形式，室内成为独立的系统，既灵活运用了空间又保护了建筑室内的原貌。

气即气韵，室内设计采用悬浮的设计装置，使展品悬浮于地面，使得室内环境气韵生动。

创意亮点

（1）将校园历史文化空间对外打开，与城市的历史文化枢纽相融合。

（2）在加固修缮、展示文物价值的基础上合理再利用，使新老部分整体协作，让老建筑重获新生。

（3）室内展品设计与建筑内部的墙、顶、地分离，成为独立的系统，这样既灵活运用了空间又保护了建筑室内的原貌。

专家点评

本方案采用科学、简捷、经济的方法对这座建筑进行再设计，在尊重文物保护原则的基础上延续工艺实习场的使用功能。方案在原有建筑内架设一个架空玻璃盒子，这样既可保护原有建筑楼板和墙面，也便于植入新的功能，还使建筑成为一个富有新意的历史记忆场所。

设计师：
马晓东 何宏志 艾尚宏 周杰 黄其兵
设计机构：
东南大学建筑设计研究院有限公司

Jiangsu Cultural and Creative Design Competition-Architectural Special Contest, 2014
江苏文化创意设计大赛建筑专项赛 2014
历史空间的当代创新利用
The Contemporary
Innovation And Utilization Of The
Historical Space

苏州御窑金砖博物馆

紫金设计奖铜奖

设计说明

　　苏州御窑金砖博物馆位于苏州相城区元和街道御窑村，是苏州相城区重点文化建筑项目，意在通过博物馆展厅的设计和营造，保护珍贵的文物遗迹，展现御窑金砖的历练过程，令人感触御窑金砖的历史文化内涵。

　　该项目在原窑地址上规划建设。建筑面积 20 000 平方米，预计总投资 1.5 亿元，其中展厅面积 3 600 平方米，功能定位于集中展示"御窑"和"御窑金砖制作技艺"双重遗产，系统陈列古代御窑金砖，全面保护考古挖掘的御窑遗址。

　　金砖御窑位于苏州市相城区陆慕镇御窑村，千百年来，此地村民专以烧窑为业。明代永乐年间，明成祖朱棣迁都北京，大兴土木建造紫禁城。由于陆慕镇的黄泥适宜制坯成砖，且做工考究、烧制有方、技艺独特，所产金砖细腻坚硬，"敲之有声，断之无孔"，所以永乐皇帝赐封陆慕砖窑为"御窑"。北京故宫的太和殿、中和殿和天安门城楼所铺设的砖便出自苏州御窑。

展示效果

展柜效果

专家点评

　　地处苏州相城区元和街道的御窑村，是古御窑遗址。该室内设计的创意是做一个身临其境会说故事的博物馆。由于金砖用于故宫，构思将故宫元素引入其中，结合建筑原貌，引顶部天光入内，再造历史空间，墙面壁龛巧妙应用。

楼梯效果

设计师：
沈罗兰

设计机构：
苏州金螳螂展览设计工程有限公司

创意亮点

（1）空间格局

将基本成列、互动体验两大展区秩序划分，将"兴趣点"散布于空间，让参观者自由穿梭，构筑一幅集约而丰满的布局环境。

（2）展陈手段

由于文物数量众多，且种类单一，所以本案"以物为主"，融入多媒体手段、场景，将金砖的代代传奇在今世演绎。

（3）叙述手法

策划手段已摈弃简单客观的记录堆砌，以观众为中心，还原历史的原貌与阐述精炼的文化意义，讲述展品背后的渊源，将"故事"演化入场馆中。

（4）创新互动展示

多点触摸互动台，以游戏的形式通俗易懂地传播知识。

（5）运营手段

儿童园地：针对青少年、学生定期举办主题活动，通过漫画、简笔画等方式，体现博物馆教育功能；

金砖设计历险记：线上课程，与未能到场的群众互动。将非遗文化有效传播，吸引更多爱好者关注；

金砖周末夜：举办文化产业活动，推动文化产业发展，扩大御窑金砖文化辐射力，传承文化。

Jiangsu Cultural and Creative Design Competition-Architectural Special Contest, 2014
江苏文化创意设计大赛建筑专项赛 2014
历史空间的当代创新利用
The Contemporary
Innovation And Utilization Of The
Historical Space

"可逆"的建造

紫金设计优秀奖

设计说明

　　本设计以保护历史建筑及其所在环境历史风貌为目标，选择南京晨光 1865 科技创意产业园中的民国锯齿形厂房和机器大厂为改造案例，民国锯齿形厂房建于 1936 年，长 97.6 米、宽 93.8 米、高 5.77 米，为单层钢结构。机器大厂建于 1886 年，长 47.74 米、宽 16.14 米，高 8.97 米，为二层砖混结构。两者内部均为大空间，建筑状况及内外环境保存良好，案例选择具有典型性。

　　本设计采用自主研发的可移动自承重轻型铝合金结构空间模块产品，现场拼装成各种需求的中小空间和房屋系统，用产品模式实现历史建筑再利用和历史环境保护的双重目标。这种建造方式建设工期短、建设过程中不产生垃圾，对历史建筑没有损伤。基于工业化建筑产品逻辑理性建构的形式与历史建筑能够很好地协调，实现了历史文化遗产保护环境中改造与建设行为的可逆。

创意亮点

　　可逆性——历史空间再利用中建设行为可逆。

　　系列性——历史空间再利用中模式可复制。

　　产品性——历史空间再利用中新建建筑全寿命周期质量保障。

　　协调性——历史空间再利用中与历史环境和谐。

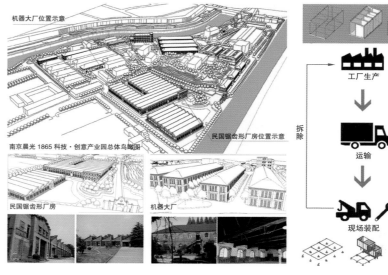

可逆性	历史空间再利用中建设行为可逆	建造和拆除的过程可逆：建造时将模块运至场地吊装拼装，模块自成体系，自承重。拆除时将模块分解运出，不产生垃圾，对原有建筑零伤害，并可以运至其他场地重新利用。
系列性	历史空间再利用中模式可复制	不仅仅设计一栋建筑，而是发展成一套适合当今建造现状的历史建筑改造方法。这套体系化、工业化的设计方法还可以复制到其他类似项目。
产品性	历史空间再利用中质量可控	设计建造用的模块、建筑部件都采用工厂化、定型化的产品，技术可控，品类丰富，提供新建建筑全寿命周期的质量保障。
协调性	历史空间再利用中与历史环境和谐	当代工业化设计体系下的建筑是产品逻辑下的理性建构，建造模式相似的前提下，形式与风格可以根据所处环境调整和变化，以适应不同的需求。本案例选取的是近代工业建筑，用新型工业化建筑烘托近代工业建筑，可以天然地产生和谐。

机器大厂位置示意

民国锯齿形厂房位置示意

南京晨光 1865 科技·创意产业园总体鸟瞰图

民国锯齿形厂房

机器大厂

工厂生产

运输

现场装配

拆除

建造

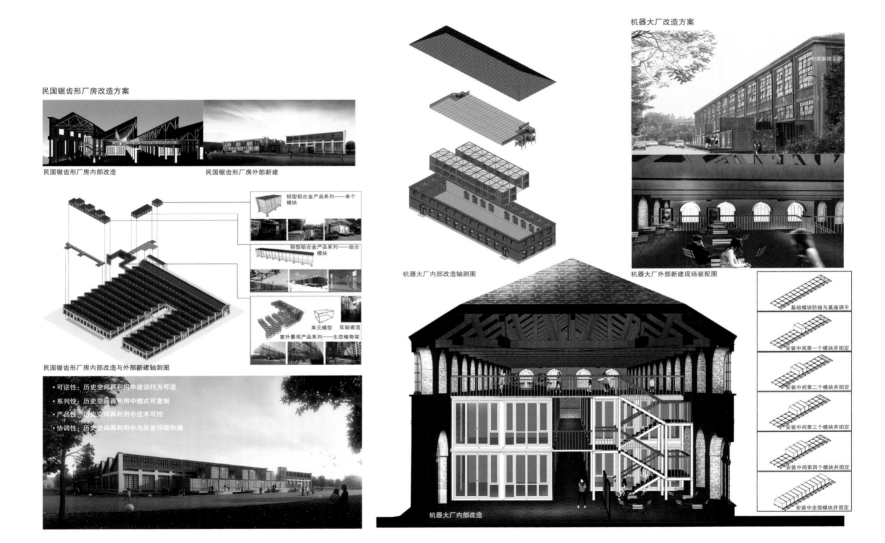

民国锯齿形厂房改造方案

民国锯齿形厂房内部改造

民国锯齿形厂房外部新建

轻型铝合金产品系列——单个模块

轻型铝合金产品系列——组合模块

单元模型 实验建造

室外景观产品系列——生态植物架

民国锯齿形厂房内部改造与外部新建轴测图

• 可逆性：历史空间再利用中建设行为可逆
• 系列性：历史空间再利用中模式可复制
• 产品性：历史空间再利用中技术可控
• 协调性：历史空间再利用中与历史环境和谐

机器大厂内部改造轴测图

机器大厂改造方案

机器大厂外部新建现场装配图

机器大厂内部改造

基础模块防线与基座调平

安装中间第一个模块并固定

安装中间第二个模块并固定

安装中间第三个模块并固定

安装中间第四个模块并固定

安装中全部模块并固定

设计师：
张弦 罗佳宁 刘聪 李永辉

设计机构：
东南大学建筑学院

Jiangsu Cultural and Creative Design Competition-Architectural Special Contest, 2014
江苏文化创意设计大赛建筑专项赛 2014
历史空间的当代创新利用
The Contemporary
Innovation And Utilization Of The
Historical Space

梧桐树上的礼物

紫金设计奖优秀奖

设计说明

　　历史空间是时代留给人们的财富，历史上，升州路曾经车马如龙，但随着商业逐渐迁移，不复往昔盛景。本次设计的主要目的就是在街道狭小的面域内，因地制宜，利用梧桐树生长产生的中空区域放置多功能的小方盒，为周边环境所缺失的功能提供补充，并将整个街道串联起来，成为梧桐树上的"礼物"，赋予街道新的活力，由点及面地带动街道以及周边地域的复兴。

创意亮点

　　整个设计尊重历史空间，提倡环境保护，尽量避免对周边环境的破坏。利用新思维、新技术、新形式赋予空间新元素，带给历史街区新的气象。

设计师：
薛梦成

设计机构：
南京视博建筑设计有限公司

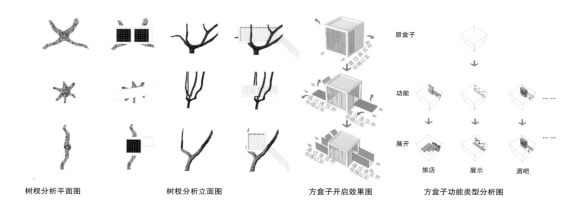

树杈分析平面图　　　　　树杈分析立面图　　　　　方盒子开启效果图　　　方盒子功能类型分析图

苏州护城河 · 步行景观桥

紫金设计奖优秀奖

设计师：
陈泳　董江　姜磊

设计机构：
苏州九城都市建筑设计有限公司

设计说明

　　基地位于苏州古城护城河南段的南门地区，这里是京杭大运河的古航道，见证了苏州近代民族工商业的崛起。依据规划，此区域将发展成为融购物休闲、餐饮娱乐、旅游文化、星级酒店和商务办公等为一体的城市活动中心。目前，护城河南岸以近代工业文化为主题的苏纶场商业街区已基本建成，北岸的商贸购物区也正在规划建设中。考虑到未来南门商圈的南北互动，拟在护城河上建设步行景观桥。如何以护城河为中心，连接和激发两岸的城市活动，吸引更多的人体验和享受水景观，是本设计需要解决的主要问题。另外，此地区记录着近代工业文化的初创和发展历程，如何挖掘和利用其历史文化价值，也是本设计的重要主题。

创意亮点

　　（1）衔接与整合：新的步行景观桥不仅是连接两岸的商业活动，而是整合护城河周边的环境资源，凸显地区的文化识别性；（2）形态与材料：步行景观桥的意向取自苏州古代"虹桥"。整个桥身为流畅的弧线形，轻盈飘逸，如飞虹般跨越护城河。民国特色的青砖与钢材，使地段的建筑文脉以另一种尺度和形式得到重生和发扬，展示独特的场所精神；（3）活动与体验：步行景观桥的上部连接位于河岸的二层平台，下部直达临水的河岸，二者在桥梁中部合成一体，使处于不同水平面的行人能够在两者之间互换，促进人与水的对话。

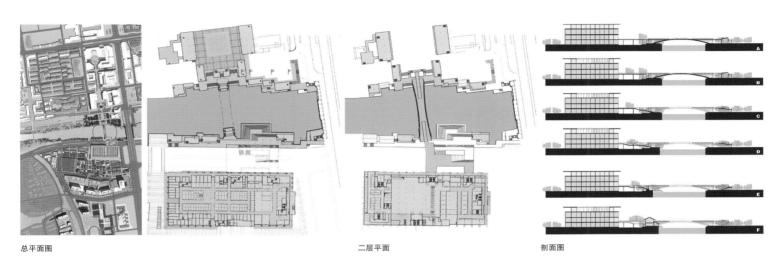

总平面图   二层平面   剖面图

Jiangsu Cultural and Creative Design Competition-Architectural Special Contest, 2014
江苏文化创意设计大赛建筑专项赛 2014
历史空间的当代创新利用
The Contemporary
Innovation And Utilization Of The
Historical Space

未来之家
——SEE HOME

职业组二等奖

设计说明

　　未来之家"SEE HOME"涵盖了未来人居生活中最重要的 3 个理念：智能（Smart）、生态（Ecological）和能效（Efficient）。在设计中倡导绿色生态的人居理念，充分利用木、竹、太阳能、雨水、种植等可再生资源与能源。在空间设计上，最大限度满足居住者多种生活、工作模式的需求，保证建筑物生命周期内充分有效的空间与功能的利用，并且采用自动化、计算机与信息化技术，提升建筑设施用能效率，改善人居安全、健康、便捷与舒适度。

创意亮点

　　（1）建筑设计充分发挥木结构的材料特点，抽象的人工构造的树杈支撑结构和周边茂盛的树木花草融为一体，弱化了建筑生硬的人工痕迹，增加了模拟自然的元素，从整体形态到细节构造不同层面上充分体验建筑设计、人工设计与自然环境的有机对话。

　　（2）建筑整体按照国家绿色三星级标准设计，大量采用再生能源利用技术，集中展现了绿色、生态、环保、可持续等设计理念。

　　（3）遵循"科技引领健康舒适生活"的设计原则，在室内设计中采用 CSI 装修体系和智能家居系统，在 2 个户型内分别展示了科技智能和多变化小空间的家居设计。

平墅阳光房透视　　　　　　　平墅垂直绿化透视

未来居家探索

A. 多变化居住单元
打破传统的固定区隔，把不同的功能空间进行叠加，通过不同的组合方式满足生活的多样需求，使一成不变的小空间形式变化多端、充满活力。

基础模式　　办公模式　　聚会模式　　休闲模式　　睡眠模式

B. 基于 CSI 结构体系
该户型采用 CSI 结构体系，使用工业化生产的易于拆卸的内隔墙系统来分割套内空间，来实现套内主要居室布局可以随着生活习惯和家庭结构的变化而变化，卫生间三分离，卫生器具备自独立。

生态材料与构造

木质渐变搭接遮阳百叶　　竹栅标识牌　　木质生态敞廊　　生态植物遮阳　　木栏杆　　竹片扶手

设计师：
邱立刚　汪凯　吴磊　韦佳　卞维锋
化雨　江祯蓉

设计机构：
南京长江都市建筑设计股份有限公司

Jiangsu Cultural and Creative Design Competition-Architectural Special Contest, 2014
江苏文化创意设计大赛建筑专项赛 2014
历史空间的当代创新利用
The Contemporary
Innovation And Utilization Of The
Historical Space

过园桥

职业组二等奖

设计说明

　　基地位于主干道的交叉口，毗邻地铁站与怡园，是商业和文化、现代与古典的重要交汇中心。我们以怡园为切入点，将整个场地作为一个大公园来设计，新建建筑屋面也作为公园的一部分向游览者开放。同时将江南著名的私家藏书楼"过云楼"及其后几进建筑修复，连同东侧新建建筑作为当代的书画展览交流中心，置入现代功能来活化历史建筑。方案不仅通过自身"桥"的造型来反映主题，更是试图通过设计游览流线来丰富游览者的观赏体验，是一座连接历史空间与当代使用者的"桥"。

创意亮点

　　发掘历史建筑"过云楼"的文化底蕴，置入与之相符的功能——书画展览交流中心；新建建筑以蕴含传统意境的形式，成为增加场地活力的地标；新旧建筑之间的庭院、入口花园以及新建建筑的屋顶绿化为老城提供了一片绿意盎然。

基地毗邻乐桥地铁站，北侧毗邻苏州著名园林——怡园。

铁瓶巷任道镕、顾文彬故居

"过云楼"即顾文彬故居，位于苏州市人民路乐桥、干将西路北侧，是江南著名的私家藏书楼，它是明清时期的古建筑，边靠怡园。它拥有着得天独厚的地理环境，却渐渐淡出人们的视线。由于快节奏的现代生活方式，历史文化的传承出现了断层。作为青年建筑师，我们希望用建筑独有的表现形式把过云楼重新拉回到现代人们的视线中。

怡园
新建基地
改建建筑
过云楼

新建基地　　　苏州市文物商店

"园"是我们改建与创新设计的主题，建筑毗邻苏州著名园林——怡园，我们以"园"作为设计切入点，试图建立历史空间与现代空间的联系。同时建筑毗邻地铁站点，位于主干道的交叉口，也是商业和文化、现代与古典的重要交汇中心。我们将整个场地作为一个大公园来设计，建筑的屋面也作为公园的一部分向游览者开放，通过设计游览流线来丰富游览者的观赏体验，从而达到传递历史文化的目的。

怡园

公园

过云楼

书画展览交流中心

"过云楼"名缘于苏东坡语"书画于人如同过眼烟云"，遂取名藏书楼为"过云楼"。"过云楼"是江南著名的私家藏书楼，世有"江南收藏甲天下，过云楼收藏甲江南"之称。以贮藏了大量书法名画、版本书籍而名重于世。设计将过云楼及其后几进建筑修复，连同东侧新建建筑作为当代的书画展览交流中心，并在其中置入现代功能来活化历史建筑。

桥　　　　　　　　历史与当代的边接体

新建建筑是一座连接历史空间与当代使用者的"过桥"，方案不仅通过自身"桥"的造型来反映主题，更是试图通过设计游览流线来丰富游览者的观赏体验，既有徜徉"桥"面的悠然自得，还有穿"桥"而过的别有洞天。

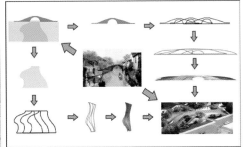
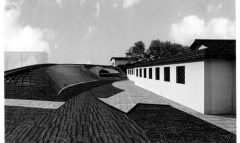

设计师:
肖茜 沈辟川
设计机构:
苏州规划设计研究院

寄生与隐形

职业组三等奖

设计师：
廖生安 夏崇 杨柳 余康睿

设计机构：
苏州园林设计院有限公司

设计说明

    本方案以江苏省昆山市周庄古镇为研究对象。周庄历史遗存丰富，传统建筑密集，空间肌理紧凑。

    方案设计在遵守古镇保护条例的前提下，利用现代科技手段，将各具服务功能的隐形小建筑寄生于古镇街巷的零碎空间中，满足游客不断增长的旅游体验需求，并试图缓解周庄作为历史文化名镇的保护与旅游发展之间的矛盾。

创意亮点

    方案设想在不破坏古镇传统肌理以及整体风貌的基础上，融合多项现代材料科技等手段，将具有不同现代服务功能的小建筑隐形、寄生于古镇空间，满足现代游客日益增长的旅游需求。

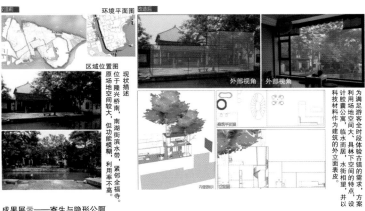

改造前 　环境平面图　 改造后

区域位置图

外部视角　外部视角

现状描述
原场地空间较大，位于隆兴桥南，南湖街滨水带，紧邻全福寺，但功能模糊，利用率不高。

为满足游客全时段体验古镇的需求，利用场地空间较大、具体临水而居、水下空间相望的特点，方案计胶囊公寓，设计隐形下空间，并以方案科技材料作为建筑的外立面表皮。

成果展示——寄生与隐形公厕

改造前 　环境平面图　 改造后

区域位置图

外部视角　外部视角

休闲茶室
民房位于隆兴桥北侧水岸，周边主要为古镇居住所，有一定的场地空间，居民利用率不高。但由于空间功能模糊，功能的不明确。

方案设计休闲茶室，并结合场地林下空间灵活设置敞顶露天茶座。同时，隐形的特点保留了古镇的风貌。

成果展示——寄生与隐形工作人员休息室

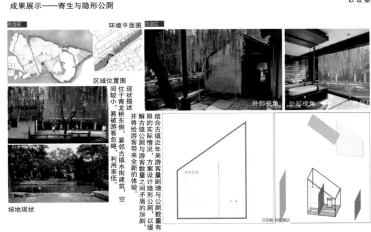

改造前 　环境平面图　 改造后

区域位置图

外部视角 外部视角

现状描述
位于青龙桥东侧，空间较小，易被游客忽略，利用率低。紧邻古镇水街建筑，

场地现状

结合古镇近年来说游客流量剧增与公厕限量的实际情况，设计隐形公厕，并将古镇公厕与游客数量之间矛盾的加剧有所缓解给游客带来全新的体验。

区域位置图

外部视角 外部视角

基于古镇内缺少工作人员专用休息场所，工作人员随意露天休息的现状，在局促的古镇空间环境中，一定程度上既不占用游客的通行游赏空间，也为古镇工作人员提供一个良好的室内休憩空间。

狭窄局促的水巷还能否提供新的旅游体验？

周庄古镇对于游客来说空间格局可以分为三大类，即商业空间、休憩空间、空白空间。其中商业空间占主导地位，沿主要水巷带落布置，商业空间中的游客数量也是最多的。

接下来说滨水空间，这些空间大多以商业空间为依托，沿水巷布置，也就是说商业空间到水巷之间的距离就是滨水空间。

而灰色空间则存在于前两种空间中，属于前两者中使用频率较低，实际功能缺失且占地较细碎的地块。

透明显示屏

其原理是ECL元件在两块玻璃底板中的流体里的有机材料之间的相互碰撞，通过改变电压、频率和电极方向等，可以产生五颜六色、绚烂多彩的彩色图像。

镀膜玻璃

在制作镀膜玻璃的时候，玻璃表面涂抹了一层很薄的金属反射面，使得有一些光线穿透了镜子，这样背面的人们可以看到图像，这就是双面透视镜的原理。

LED与摄影技术

由奔驰率先实验做成功的隐形电动汽车，利用LED屏加上摄像技术将前面的影像投射到前面的LED屏幕上，这样就可以做到摆脱固定视角而全方位隐形了。

是否可以像生物那样寄生或隐形于水巷？

寄生与隐形，这些在生物界广为流行的古者生存手段对今天我们所面对的棘手难题有着极其重要的指导意义。

试想在局促的古镇环境中，我们不仅要开辟新的空间，又不能破坏环古镇原有的风貌，还要给游客全新的体验，于是我们想到了应该运用这些生物的生存特长。

寻找技术支持

拟定技术解决方案

科学的阐释

在这次对周庄的空间考察中，我们结合上述提到的生物技能以及科学研究成果展开研究，并且认为在如此纷繁复杂的古镇里，要想处理好空白区域中的新建空间和老空间的关系，使其协调统一，我们的方法具有一定的优越性和不可替代性。同时，也希望我们的方法可以为今后的类似空间改造提供灵感和帮助。

待解决的问题

根据现场场地的需要，我们拟定了几处适合形展空间合理改造的区域，在构思的过程中也出现了许多问题，在此总结归纳并按层层突破试图找出解决问题的途径。

● 1、外部隐形问题——外部透视
● 2、内部空间的通透问题

1 首先，我们需要一个合适的空间，形态任意，但必须具有可活动的空间余地。

2 然后，在这个空间向一的面安装显示屏幕，安装数量依此空间外向面的多少而定。

3 之后，在向外面的对面外立面安装摄像头，进行测试以使其在屏幕一侧1:1投影。

4 将摄像头与屏幕相连，将摄像头收集到的影响投射到外向面上，以达到空间透视的效果。

外部隐形问题模拟方案总结：
这个方法利用了显示屏与摄像技术的结合，有效解决了1号问题即空间的外部隐形问题。但面对2号问题——如何使内部视线不受外部显示屏的阻隔，以保证内部空间的使用者有足够的观景视野，还需要进一步尝试和分析。

LED屏幕

LED显示屏是由发光二极管排布而成，双向不可透视

镀膜玻璃

镀膜玻璃利用非常薄的反射面达到了单向可透视

透明显示屏

透明显示屏和普通玻璃一样，双向可视

LED屏幕
镀膜玻璃
透明显示屏

合成屏幕

最终选用的屏幕是具有单向可视特点的显示屏

内部空间通透问题模拟方案总结：
通过不懈的努力，我们分析总结了上述几种意见材质的光线通过性，其中LED虽然是显示屏，但其不具备光线通过性；镀膜玻璃可以使光线单向通过透明屏幕，既可以显示图像，也可以使光线双向通过。所以本次研究认为，镀膜玻璃和透明显示屏的结合可以完美满足空间外部的显像需求和内部的向外观景需求。

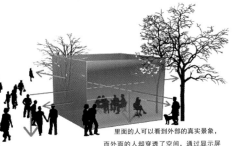

里面的人可以看到外部的真实景象，而外面的人却穿透了空间，通过显示屏看到了空间后部的虚拟景象。这样的空间对外部游人来说是"不存在的"。

Jiangsu Cultural and Creative Design Competition-Architectural Special Contest, 2014
江苏文化创意设计大赛建筑专项赛 2014
历史空间的当代创新利用
The Contemporary
Innovation And Utilization Of The
Historical Space

老院新语

学生组优秀奖

设计说明

　　本设计以"广告创意文化产业园"为功能定位，旨在创造面向市民生活的活动场所。建筑之间的空间是发生更多相遇和交往可能性的地方，项目的客观条件为我们提供了一个关注建筑与建筑之间的空间的机会。以建筑之间的空间作为切入点，进行建筑改造设计，创造有趣且丰富的空间形式和空间组合方式，探索更合理的室内外空间衔接方式。项目旨在在合理的尺度上设计室内外空间，延续地域性文化，同时反映广告创意文化，并以舞台空间为元素衔接两者，为旧建筑场所注入新的活力。

创意亮点

　　关注建筑之间的空间，由建筑之间的空间延伸到建筑内部空间；根据场地条件将建筑之间空间的界面抬高一层，形成更加丰富的空间层次；关注场地市民文化，延续场地文脉，寻找历史文化与新元素的联系方式，引入舞台这一空间形式联系场地戏剧文化和广告产业创意展示需求。

现状图

原有建筑功能

原有建筑为宾馆及其附属建筑，东侧临街建筑为黄鹤楼宾馆，南侧面向未来城市广场为贵宾楼，西侧较低矮建筑为餐厅，北侧建筑群为洗浴中心

原有建筑拆除与保留

东侧楼结构不稳定，改造中需要先做结构加固；外立面形式规整，对称；无表皮装饰，简单线脚，墙面有一定的破损；建筑沿街界面由于地面高差，实际为两层立面的高度

西侧2座1层建筑结构稳固，允许向上加建；外立面有一定的变化，竖向条形窗

南侧楼结构状况较好；外立面形式规整对称，无表皮装饰，简单线脚

基地建筑

A 东侧建筑 3 层，首层高 3.9 米，2-3 层高 3.6 米；坡屋顶；

B 西侧由 2 座建筑组成，靠北边部分1层，层高6米；坡屋顶；南边部分 1 层，层高 3.3 米

C 南侧楼主楼高 4 米，东西部分 2 层，层高均为 3.6 米；框架结构

D 场地北侧一组建筑，最高部分 3 层，最北侧砖混建筑因地基沉降下陷 1 层，其余部分为 1 层平房，层高 3 米左右，砖混结构

保留建筑

拆除建筑

原有建筑情况

北侧除最北边沿路砖混结构的建筑为砖砌表面，其余均无外表皮装饰，且地面沉降严重，结构极不稳定；西北角 3 层建筑部分依然存在之外，其余建筑墙体均已被拆除或者拆除了一部分，无保留价值

设计师：
吕彬

设计机构：
中国矿业大学

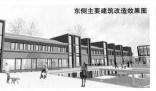

东侧主要建筑改造效果图

北侧新建建筑效果图

舞台空间透视图

舞台空间透视图

办公部分外部空间透视图

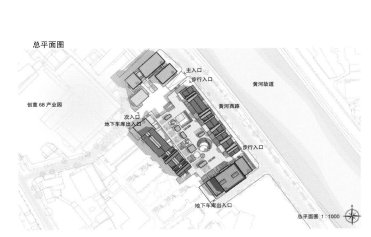

总平面图

创意68产业园

黄河故道

黄河西路

主入口
步行入口
次入口
地下车库出入口
步行入口
地下车库出入口

总平面图 1:1000

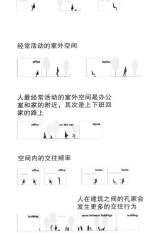

概念设计图

活动时间与建筑空间

人在室外公共空间的活动时间在4小时以上

经常活动的室外空间

人最经常活动的室外空间是办公室和家的附近，其次是上下班回家的路上

空间内的交往频率

人在建筑之间的孔家会发生更多的交往行为

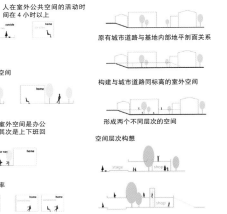

基地条件对建筑之间的空间的影响

原有城市道路与基地内部地平剖面关系

构建与城市道路同标高的室外空间

形成两个不同层次的空间

空间层次构想

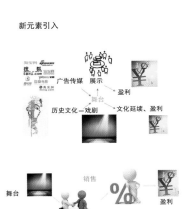

新元素引入

广告传媒　展示　盈利

历史文化—戏剧　文化延续、盈利

舞台

销售

盈利

Jiangsu Cultural and Creative Design Competition-Architectural Special Contest, 2014

江苏文化创意设计大赛建筑专项赛 2014

历史空间的当代创新利用

The Contemporary
Innovation And Utilization Of The
Historical Space

文明的进步与发展，离不开人类的理想追求。许多的理想追求，体现着人类智慧的创意畅想。进入 21 世纪，在知识时代，生态文明成为时代主题。随着信息技术的不断发展，创意设计有了更丰富的表现手段和更综合的表达主题。本次大赛中入册的 3 个获奖设计方案，围绕实体空间与虚拟空间、历史文化与当代技术、自然与人文相交融，迸发出了许多新的概念与"火花"，形成了令人耳目一新的新景观、新感受和新印象。

第七篇 | Part7

四维空间　创意畅想
The four dimensional space, creative imagination

Jiangsu Cultural and Creative Design Competition-Architectural Special Contest, 2014
江苏文化创意设计大赛建筑专项赛 2014
历史空间的当代创新利用
The Contemporary
Innovation And Utilization Of The
Historical Space

游走的光标

——"湾子"老街的故事

紫金设计奖铜奖

设计说明

　　针对本次大赛的主题"历史空间再利用"，我们选择了扬州最具代表性的"湾子街"。由于历史原因，老街的优势地位不再，逐渐被人遗忘。故由此提出设计目标：促进社会的广泛参与和介入，唤醒历史记忆，实现历史空间的渐进式更新。

创意亮点

　　我们将历史空间视作庞大的信息库，以"光"为媒体，虚拟了"历史路径"和"故事盒子"，并将游走的人模拟为"光标"。"光标"沿着路径移动，并进入故事盒子，充分实现人在动态过程中对历史空间的感知以及相互交往，实现对信息的充分交换。

专家点评

　　方案设计以扬州历史街区中街巷——湾子街为场景，对湾子街与运河、城市的发育与交融关系作了深入的阐述，提出了激活历史空间、创新当代利用的理念。

　　设计创意和创新是游动的"光标"，通过光的塑造，将真实世界虚拟，与历史路径结合。人在历史场景中随光标的游走，形成了故事，光的延伸也形成了"空间盒子"，赋予了城市历史街巷新的活力。

　　通过虚拟手法和场景设计，再现了历史虚拟空间的生成与变化，表现手法新颖，在技术上可行。图纸内容丰富，表达力强。

设计师：
李鹏程　王丹　沈晨　潘将
设计机构：
扬州大学建筑科学与工程学院

顶

现状，构成故事盒子的容器

触发器

操作，置入微型经营需要的遮蔽物

激活，用"光标"点击故事的盒子，变化由此开始

墩

现状，构成故事盒子的容器

触发器

操作，置入能形成交流空间的桌椅等

激活，用"光标"点击故事的盒子，变化由此开始

台

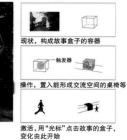

现状，构成故事盒子的容器

触发器

操作，置入反映场所精神的戏台

激活，用"光标"点击故事的盒子，变化由此开始

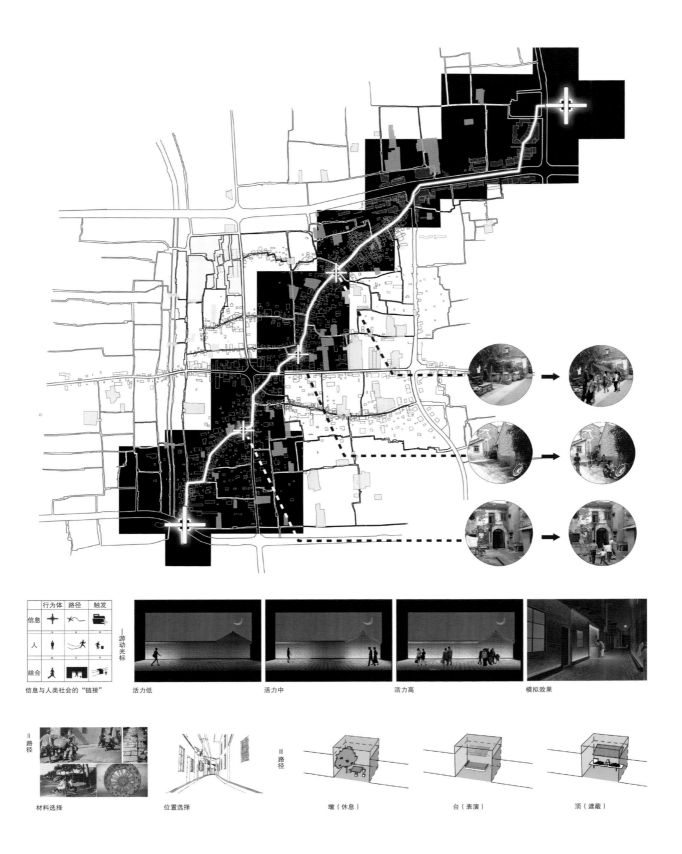

	行为体	路径	触发
信息			
人			
结合			

—游动光标

信息与人类社会的"链接"

活力低

活力中

活力高

模拟效果

二路径

材料选择

位置选择

三路径

墩（休息）

台（表演）

顶（遮蔽）

Jiangsu Cultural and Creative Design Competition-Architectural Special Contest, 2014
江苏文化创意设计大赛建筑专项赛 2014
历史空间的当代创新利用
The Contemporary
Innovation And Utilization Of The
Historical Space

互联网思维下的历史文化新体验

职业组二等奖

设计说明

　　建筑以服务单元的形式运用新媒体数字技术、网络技术、移动技术，通过互联网、无线通信网、有线网络等渠道以及电脑、手机、数字电视机等终端，向用户提供信息和娱乐的传播形态和媒体形态。

创意亮点

　　游览者可以借助移动电子设备联系服务单元本身，以数字化方式解读所到景点的历史文化脉络，观赏艺术投影，建立实时景区评价体系，了解当前景区信息甚至获取周边景区的信息。这些服务单元大多以自助的形式实现，提高了游客的自由度和优化了游览体验。

设计师：
王畅　胡焕　秦雨沁　赵杨
设计机构：
南京长江都市建筑设计股份有限公司
迪赛工房工作室

介质置入

鸡鸣寺

中央饭店

夫子庙

合城

梅园新村

中山陵

总统府

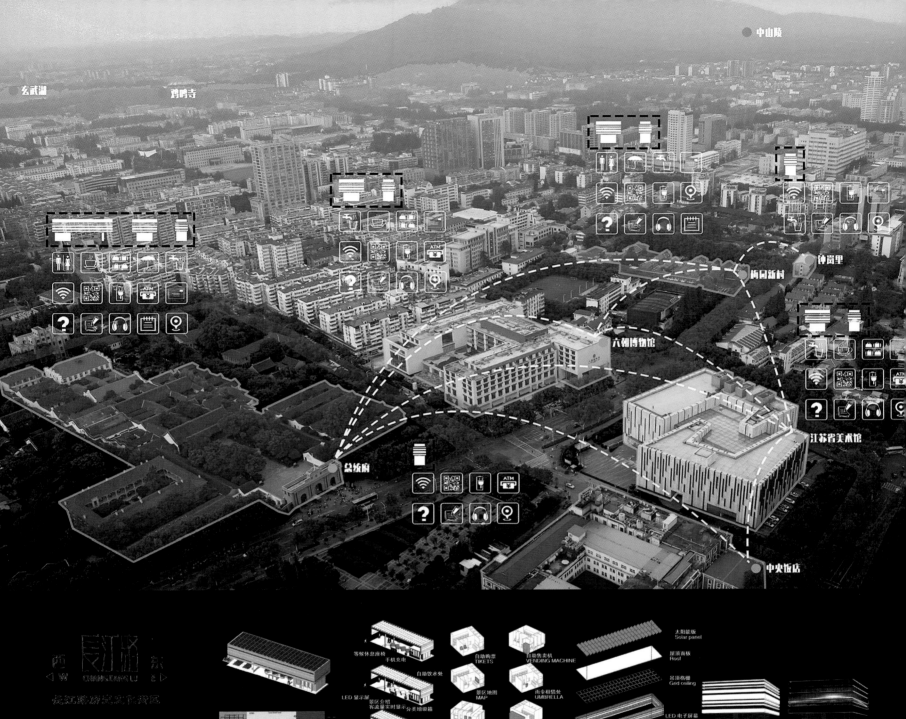

玄武湖　　鸡鸣寺　　　　　　　　　　　　　　　　　　　　　中山陵

中山陵

钟岚里

梅园新村

六朝博物馆

江苏省美术馆

总统府

中央饭店

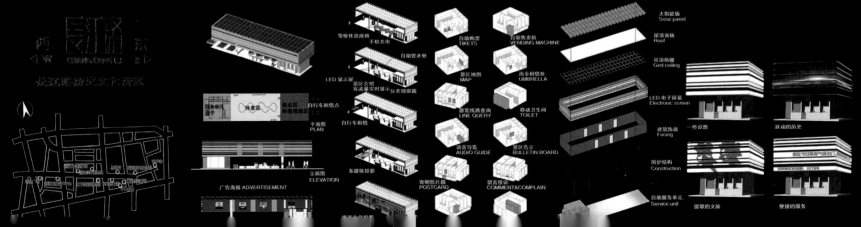

西　长路　东
W　CHANGLU　E

长江路游览实体服务区

太阳能板
Solar panel

屋顶面板
Roof

吊顶格栅
Grid ceiling

LED电子屏幕
Electronic screen

建筑饰面
Facing

围护结构
Construction

自助服务单元
Service unit

等候休息座椅
手机充电

LED 显示屏

景区介绍
客流量实时显示分类垃圾箱

平面图
PLAN

自行车租借点

自行车租借

立面图
ELEVATION

广告海报 ADVERTISEMENT

多媒体投影

自助购票
TIKETS

自助售卖机
VENDING MACHINE

自助饮水处

景区地图
MAP

雨伞租借处
UMBRELLA

游览线路查询
LINE QUERY

移动卫生间
TOILET

语音导览
AUDIO GUIDE

景区告示
BULLETIN BOARD

寄明信片处
POSTCARD

留言投诉
COMMENT&COMPLAIN

服务单元
亭子

休息区

自由区
候鸟残缺区

一些设想

跃动的历史

提取的文脉

便捷的服务

佛光禅影
——南京幕燕风光带达摩古洞景区光环境规划设计

职业组二等奖

设计师：
孙坚　姚丽　杜贝贝
设计机构：
江苏省建筑设计研究院有限公司光环境
设计研究所

设计说明

　　光是一首诗，是一首需要很多元素的诗，所以造就灯光不仅依赖于设计，还需要更多的元素——历史、文化、形态、结构、管理、经济等。接下来就带您走进南京幕燕滨江风光带达摩古洞景区的夜间光环境世界。

　　达摩古洞经历了千年的洗礼和沉淀，也融入到了南京人民的现代生活之中。我们用灯光来重塑和创造幕燕风光带的文化地标，一方面提升六朝古都南京的历史价值、文化价值，为后人留下一段历史的痕迹；另一方面，也进一步打造南京旅游城市的新形象。

创意亮点

　　表现过去与未来、瞬间与永恒、有形与无形的光影空间概念；用不同的肌理、不同的光影加上创新的光影高新科学技术来表达；百变金身景区运用了自主研发的专业级光学透镜照明技术，充分考虑光的效率，有效减少光损失，提高光的利用率；以"减少介入"原则来平衡发展与自然保护之间的矛盾，以最少的光载体展现景观，从而减少对自然与文化的伤害。

入口广场

达摩古洞

夹骆峰

滨水景观

百变金身

雕塑广场

登山广场

客服中心

Jiangsu Cultural and Creative Design Competition-Architectural Special Contest, 2014
江苏文化创意设计大赛建筑专项赛 2014
历史空间的当代创新利用
The Contemporary
Innovation And Utilization Of The
Historical Space

附录一 ｜ Annex 1
获奖方案、单位及人员名录*
Contestant list

紫金设计奖（18 项）			

金奖：1 项

序号	作品编号	设计标题	设计单位（个人）	参加人员
1	B114000127	遗址上的生态启示公园	南京艺术学院设计学院	葡要同

银奖：2 项

1	B114002673	原乡·新生	江苏筑森建筑设计有限公司	林娟、崔晨勇、张旭、吴寅妮、刘芳、洪礼宾、姜超
2	B114002587	古语新说——宜兴芳桥周处故居博物馆及配套设施	南京大学建筑与城市规划学院	丁沃沃、李倩、尤伟、唐莲

铜奖：5 项

1	B114003197	游走的光标——"湾子"老街的故事	扬州大学建筑科学与工程学院	李鹏程、王丹、沈晨、潘将
2	B114003049	工艺实习场	东南大学建筑设计研究院有限公司	马晓东、何宏志、艾尚宏、周杰、黄其兵
3	B114003200	明城墙历史文化休闲带——历史文化景观环境中的轻型模块化房屋系统	东南大学建筑学院	张军军、艾智靖、李骁
4	B114002612	苏州御窑金砖博物馆	苏州金螳螂展览设计工程有限公司	沈罗兰
5	B114002599	穿·越——南城古镇城门遗址博物馆	苏州设计研究院股份有限公司	蔡爽、陆华、谭啸、张斌、朱婷怡、甘亦乐

优秀奖：10 项

1	B114002554	京杭运河浒墅关古镇滨水区复兴	苏州九城都市建筑设计有限公司	陈泳、黄印武、刘勇、张丰率、姚臻
2	B114002580	工业建筑遗产的保护与再生——南京煤矿机械厂老厂区改造设计	南京工业大学建筑学院	潘江海、黄豪、邓珺文、丛佳
3	B114002590	礼社古村落养老旅游开发	无锡澳中艾迪艾斯建筑设计有限公司	吴立东、史旭平、谢圣玥、施伯辰、申新民
4	B114003165	南京城南升州路北侧、大板巷西侧更新改造设计	南京大学建筑规划设计研究院有限公司	张宁、方勇、刘玮、岳阳
5	B114003187	"可逆"的建造	东南大学建筑学院	张弦、罗佳宁、刘聪、李永辉
6	B114002695	睦邻坊	苏州土木文化中城建筑设计有限公司	吴基英、钱城、张安琪、王君菁、王飞龙
7	B114002553	苏州护城河·步行景观桥	苏州九城都市建筑设计有限公司	陈泳、董江、姜磊
8	B114002537	南京明城墙断口连接体设计——半程马拉松	无锡市民用建筑设计院有限公司	周志达、鲍妍驰
9	B114002566	梧桐树上的礼物	南京视博建筑设计有限公司	薛梦成
10	B114000022	灾难启示公园——爆炸遗址地景观设计	江南大学设计学院	宋春苑

* 本书在编写过程中，部分获奖者对方案名称进行了修改优化。本附录为申报竞赛时提交的项目，故部分项目名称与前文略有不同。——编者注

一等奖：12 项

序号	作品编号	设计标题	设计单位（个人）	参加人员
1	B114002587	古语新说——宜兴芳桥周处故居博物馆及配套设施	南京大学建筑学院	丁沃沃、李倩、尤伟、唐莲
2	B114002673	原乡·新生	江苏筑森建筑设计有限公司	林娟、崔晨勇、张旭、吴寅妮、刘芳、洪礼宾、姜超
3	B114003049	工艺实习场	东南大学建筑设计研究院有限公司	马晓东、何宏志、艾尚宏、周杰、黄其兵
4	B114002612	苏州御窑金砖博物馆	苏州金螳螂展览设计工程有限公司	沈罗兰
5	B114002599	穿·越——南城古镇城门遗址博物馆	苏州设计研究院股份有限公司	蔡爽、陆华、谭啸、张斌、朱婷怡、甘亦乐
6	B114002554	京杭运河浒墅关古镇滨水区复兴	苏州九城都市建筑设计有限公司	陈泳、黄印武、刘勇、张丰率、姚臻
7	B114002590	礼社古村落养老旅游开发	无锡澳中艾迪艾斯建筑设计有限公司	吴立东、史旭平、谢圣玥、施伯辰、申新民
8	B114003165	南京城南升州路北侧、大板巷西侧更新改造设计	南京大学建筑规划设计研究院有限公司	张宁、方勇、刘玮、岳阳
9	B114003187	"可逆"的建造	东南大学建筑学院	张弦、罗佳宁、刘聪、李永辉
10	B114002695	睦邻坊	苏州土木文化中城建筑设计有限公司	吴基英、钱城、张安琪、王君菁、王飞龙
11	B114002537	南京明城墙断口连接体设计——半程马拉松	无锡市民用建筑设计院有限公司	周志达、鲍妍驰
12	B114002553	苏州护城河·步行景观桥	苏州九城都市建筑设计有限公司	陈泳、董江、姜磊

二等奖：21 项

1	B114003217	轨道寄生体——"box"植入旧铁路空间的多种可能	南京艺术学院	刘一凡、张仕博、吴佳乐、丁丽君
2	B114003204	城·墙	江苏省建筑设计研究院有限公司	周红雷、江文婷、万文霞
3	B114003099	互联网思维下的历史文化新体验	南京长江都市建筑设计股份有限公司	王畅、胡焕、秦雨沁、赵杨
4	B114002682	过园桥	苏州规划设计研究院股份有限公司	肖茜、沈辟川
5	B114003061	流淌的印记——淮安市新丰面粉厂厂区改造	江苏美城建筑规划设计院有限公司	陈中宏、陈恒泽、耿立祥、陈士东、丁菲、卢衡
6	B114002721	中国伊斯兰社区复兴可行性研究	南京金宸建筑设计有限公司	潘如亚、杨波、马明
7	B114003147	南京幕燕滨江风光带达摩古洞景区（一期）景观亮化工程方案	江苏省建筑设计研究院有限公司	孙坚、姚丽、杜贝贝
8	B114002624	慢铁绿道，定格时光	江苏省交通规划设计院股份有限公司	蒋舒舒、徐悦
9	B114002671	新 生长	东南大学建筑设计研究院有限公司	王琪、何永乐
10	B114002669	印·院 南通余西古镇蓝印花布 生活馆概念设计	南通四建集团建筑设计有限公司	戴夕华、邱剑锋、王芳
11	B114002732	百子亭画家公园	南京金宸建筑设计有限公司	吴旭辉、彭雨、陈觅远、贾曦、王问、陈龙、叶毅、陆敏晖
12	B114002784	夏桥工业广场更新规划设计	中国矿业大学力建学院建筑与城市规划研究所	邓元媛、常江、张雅暄、魏云骑、赵雨薇、谷申申、黄志强、王鹏、王泽阳、李恬、夏男、任立、冯项乾
13	B114003080	宁静的生动	江苏省城市规划设计研究院	李飞、刘晓丽、吴昊、段亚轩
14	B114003224	紫金科技创业特别社区长安车辆厂厂房改造	江苏省邮电规划设计院有限责任公司	刘瑞义、李晓红、杨帆远、郭颖莉、赵汗青
15	B114002792	断点续传——无锡清明桥地区历史空间的当代创新利用 吴尧、朱蓉、宋商楠		吴尧、朱蓉、宋商楠
16	B114003174	南京清凉门遗址保护与更新设计	南京中艺建筑设计院有限公司、南京铁道职业技术学院	王刚、牛艳玲、刘敏、朱旭、茅益榛、戴琳钰
17	B114003179	"童年印巷"淮安青少年文化活动中心设计	淮阴工学院建筑工程学院	蒋雪峰
18	B114002758	"酱坛坊"——扬州市三和四美酱菜厂旧厂地块改造设计	扬州市建筑设计研究院有限公司	陈俊、王珵、贾文娟、李林
19	B114003075	苏州市阊门历史街区保护及发展创新设计	苏州规划设计研究院股份有限公司	田新臣、汪晓琦、陆郦婷、虞林洪、俞娟、钮卫东
20	A114003053	玖园会馆	乔烨、张漪	乔烨、张漪
21	B114002519	未来之家 SEE HOME	南京长江都市建筑设计股份有限公司	唐觉民、邱立岗、汪凯、吴磊、韦佳、卞维锋、华雨、江祯蓉

Jiangsu Cultural and Creative Design Competition-Architectural Special Contest, 2014
江苏文化创意设计大赛建筑专项赛 2014
历史空间的当代创新利用
The Contemporary
Innovation And Utilization Of The
Historical Space

（续）

三等奖：59 项

1	B114002594	苏州周庄水乡精品客栈	王凡	王凡、路泓成
2	B114002703	还城市以本源，让水城重回苏州	周卫	周卫
3	B114002729	千年古镇 疏云老街——全龄养老社区规划与历史空间改造设计	南京金宸建筑设计有限公司	葛玲、徐骏、梁兴乐、申志强、卢海波
4	B114002578	水岸天街——唯亭老街	苏州设计研究院股份有限公司	查金荣、李少锋、李一奇、周文婷、陈方
5	B114003064	江南·建筑·（意象空间）	苏州筑源规划建筑设计有限公司	赵友才、张科、郭庆
6	B114002570	徐州矿物集团权台煤矿遗址	江苏省第一工业设计院有限责任公司	訾永、袁野、赵思文、崔子玉、徐黎、乔安成、邱彩月
7	B114002704	专诸巷的昨天、今天、明天	苏州城发建筑设计院有限公司	杨正、丁泽远、吴大潍
8	B114002670	稚园	苏州市城市建筑设计院有限责任公司	钱文超、刘飞、肖海峰
9	B114002728	场——一桥、一寺、一台	苏州中材非金属矿工业设计研究院有限公司	计明、季歆皓、常磊
10	B114002642	传承记忆——苏州刺绣博物馆	贝肯建筑规划设计（江苏）有限公司	陈志皓、卢小峰、蒋佳伟、朱刚、刘畅
11	B114002608	消失·融合·隐于古镇中心印记——千灯镇生活博物馆	徐州市市政设计院有限公司	王秋然、王禄洋
12	B114002699	抟土成金 方砖墁地——御窑金砖	苏州市民用建筑设计院有限责任公司	范庭刚、王洁、李路路、宋雨辰、吕燕
13	B114002644	钦文斋	江苏省华建建设股份有限公司	顾纯志、夏伟健、梁永健、黄韬、尹邦贤、贾立吟、李伟、马俊、罗金华、施磊、姚瑶、阮殿宝、张丽萍、张林、杨玲
14	B114002675	汪鲁门周边地块的保护与更新策略	扬州市建筑设计研究院有限公司	华华、张翠芳、张益飞、徐乃刚、颜廷祥、仲丛林
15	B114002633	隙间生－徐州快哉亭公园墙遗址保护与再利用	中国矿业大学艺术与设计学院	丁昶、王栋、李海婷、李雨晴、曾慧芳
16	B114002684	1914 南京浦口津浦路婚纱摄影街区设计	江苏中核华纬工程设计有限公司	陈明、郑昊
17	B114002628	织补——江阴南门忠义街电动葫芦厂地块建筑设计	南京大学建筑与城市规划学院	刘铨、丁沃沃、童滋雨、胡友培
18	B114002582	古城"心"园	苏州苏大建筑规划设计有限责任公司	吴永发、伍鹏晗、方珍珍、李佳沛、华梦熙、章心怡、王炳奎
19	B114002676	苏州石路南浩街周边地块更新改造	邦城规划顾问（苏州工业园区）有限公司	张承、陈默
20	B114002715	孔隙结构	苏州园林设计院有限公司	计明浩、张毅杉、平茜、朱文英、关玉凤
21	B114002767	自行自在	苏州东吴建筑设计院有限责任公司	蒋书渊
22	B114002698	延续·共生——常州运河边老街改造设计	常州市市政工程设计研究院有限公司	唐卉羊、曹露露
23	B114002724	有无之所	江苏中衡建筑设计研究院有限公司	金长虹、王轩、孙新磊、钱文荣、李小刚、张田田、杨海波、王棋
24	B114003227	宿迁记忆广场	江苏省建筑设计研究院有限公司	汪晓敏、王留忠、白鹭飞、黄娅、龚海玲、吴娜、卞光华、陈海洋、胡文杰
25	B114002737	吴江垂虹源文化创意产业园设计	苏州伟业建筑设计有限公司	钟延东、陈志坚、张雯雯
26	B114002775	紫金玄武城墙带服务空间装置设计	南京四度空间建筑设计有限公司	李冬冬、陈聚丰、杨伟照、张春磊
27	B114003053	寄生与隐形	苏州园林设计院有限公司	廖生安、夏嵩、杨柳、余康睿
28	B114002561	仙宿	江苏合筑建筑设计有限公司	郑蔚青、杨菲、杨芳芳、林晓婷、余志文
29	B114002563	尘世·陈事	无锡市建筑设计研究院有限责任公司	薛晓东、郝靖欣、许文杰、李苗、张希晨、王之宇
30	B114002564	归来·重生	无锡市建筑设计研究院有限责任公司	夏东、丁巍威、钱晔、徐艳桦、胡刚、许文杰、华燕萍、任波赟、周伊婷
31	B114002678	匡旧如新	无锡市都市建筑设计有限公司	马晓冬、王建宇
32	B114002690	大成一厂历史文化建筑改造	江苏筑森建筑设计有限公司	赵刚、袁懋、符光宇、陈岩

（续）

33	B114002635	缝·合——徐州展览馆—会堂街区改造与再利用	王栋、丁昶、胡丽丽、杨锦春、曾慧芳	王栋、丁昶、胡丽丽、杨锦春、曾慧芳
34	B114002708	溯源拓新	徐州市建筑设计研究院	孙晓栎、张熙、潘圣君、田海鹏
35	B114002629	历史街区处理手法初探（关于面线点的处理）	东南大学建筑设计研究院有限公司合作单位：江苏省城市规划设计研究院、江苏中和建筑设计有限公司	田驰、许洁、肖冰、陶然
36	B114002558	创意厂房	无锡市天源建筑设计事务所	朱渊
37	B114002722	街区的重奏·裂变与再生	南京金宸建筑设计有限公司	马征西、闫威、杜洋、张宇梁、高明宇、余杨
38	B114003085	南通唐闸历史工业城镇积极保护与创新发展	南京东南大学城市规划设计研究院有限公司	阳建强、陈阳、付丽丽、张倩、路思远、王林星、牛琛、诸嘉巍、汪隽、张家豪
39	B114002702	古往今来——常州大观楼周边地块城市设计	常州市市政工程设计研究院有限公司	曹露露
40	B114002720	古街水埠	江苏华源建筑设计研究院股份有限公司	陈琳、朱智平、苏衍博、谈晖、邹清、姚立宁
41	B114003050	唤醒纺织文化记忆·重构建筑环境空间·传承近代工业遗产	南通市规划设计院有限公司	邱旸民、李祖良、龚宝生、成伟、许勇、薛原、尤海洋、代虹
42	B114003130	"市·井"老城南六角井巷片区公共空间环境设计	南京长江都市建筑设计股份有限公司	金荣、祝捷、任泉铨、柯璞、黄珊、易文君、吴文婷
43	B114003173	南京中华门外长干桥片区规划设计	南京大学建筑规划设计研究院有限公司	程向阳、冯金龙、赵辰、萧红颜、黄炎、唐司佳、陈卓然、姚辰华、陈溢南、朱梦雅、徐晓筱
44	B114000082	南京杨柳湖古村落民居建筑再设计	虞英	戴方会
45	A114003058	南京城墙内侧江宁路至张家衙段环境综合整治项目	南京城镇建筑设计咨询有限公司	钱正超、许波纯、孙目、于志强、张金水、张绍优、鞠巍、牟晓菁
46	B114002782	打造魅力故乡	苏州中海建筑设计有限公司	雷敏、邹峰、任盛
47	B114002551	日晖印象	无锡市城归设计有限责任公司	吴梅、徐丹枫
48	B114002550	无锡防空洞历史空间的创想与改造设计——光的礼赞	无锡市民用建筑设计院有限公司	周志达、鲍妍驰
49	B114002709	常州奔牛老街改造	江苏浩森建筑设计有限公司	曹东伟、吴伟刚、陈晓钢、郑如、赵云威、岳卫明、钱月仙、毛柳青、顾俊、邵峰、贺伟、姚龙圣、陈俊、缪锦辉、刘子琪
50	B114002653	新宝林禅寺规划及建筑设计	常州市武进建筑设计院有限公司	周晓斌、莫敏杰、庄银波、谈舒婷
51	B114002713	释道相融地 清浦市民坊	江苏美城建筑规划设计院有限公司	陈中宏、张国勇、刘敏、叶道春、戈金贵、陈童、张中正
52	B114002697	淮安浦楼酱醋厂 1956 创意产业园	江苏美城建筑规划设计院有限公司	胡仁祥、周佳丽、王琨、赵亚、刘中亚、朱猛、郑成、葛志冰
53	B114000123	清名桥历史街区保护修复二期工程永泰片区	江苏古运河投资发展有限公司	吴晨、苏晨、梁海龙、陈剑川、郭晔
54	B114003223	链接 激活——城市历史破碎空间更新下的青年创业模块研究	施刘怡、蒋余、刘一凡、周洁、陆梦芝	施刘怡、蒋余、刘一凡、陆梦芝、周洁
55	B114003123	城市第四空间	南京大田建筑景观设计有限公司	祝迎雪
56	B114003048	水·石之痕	苏州华造建筑设计有限公司	袁继冲、张丹、陈梦洁、洪枫、邱伊宁
57	B114003161	动态反馈的古南街保护	江苏省城市规划设计研究院	王承华、姚迪、程炜、黄国珍、熊健、顾新辰、陈栋、黄毅翎、牛元莎、申素芳、秦兴美
58	B114002674	黑牡丹 1940 文化广场	江苏筑原建筑设计有限公司	曹佳晔、丁丰、徐海明
59	B114002757	若山陆秀夫博物馆建筑设计	盐城市建筑设计研究院有限公司	张宏东、苏鸿飞、孙晔、陈蒙、陈杰、费子力、单唯伟

Jiangsu Cultural and Creative Design Competition-Architectural Special Contest, 2014
江苏文化创意设计大赛建筑专项赛 2014
历史空间的当代创新利用
The Contemporary
Innovation And Utilization Of The
Historical Space

学生组获奖：19 项

一等奖：1 项

序号	作品编号	设计标题	设计人	参加人员
1	B114000127	遗址上的生态启示公园	蔺要同	蔺要同

二等奖：3 项

1	B114003197	游走的光标——"湾子"老街的故事	扬州大学建筑科学与工程学院	李鹏程、王丹、沈晨、潘将
2	B114003200	明城墙历史文化休闲带——历史文化景观环境中的轻型模块化房屋系统	张军军	张军军、艾智靖、李骁
3	B114002580	工业建筑遗产的保护与再生——南京煤矿机械厂老厂区改造设计	潘江海	潘江海、黄豪、邓珺文、丛佳

三等奖：5 项

1	B114000022	灾难启示公园——爆炸遗址地景观设计	宋春苑	宋春苑
2	B114000174	城垣印象——南京明城墙遗址资源性保护、改造与创造设计研究	南京艺术学院	李至惟、顾菁雯、王庆娟
3	B114003220	"复新"城垣——南京明城墙的现代复建与修缮	刘安	刘安
4	B114003145	双塔记	黄涛	黄涛、张磊、蒋传埼、陈倩、朱玲玉
5	B114002795	南京西站货场改造	徐少敏	徐少敏、刘彦辰、符靓璇、刘莹

优秀奖：10 项

1	B114000099	融——南京 1865（A2）基地建筑景观改造设计	史梦莹	史梦莹、黄敏娟
2	B114000014	交融空间实验——基于图底理论下的南京仓巷街区景观规划设计	于梦元	于梦元、王祝根
3	B114000096	追溯·传承·衍生——南京北站城市记忆公园景观设计	包广龙	包广龙、王晶、王家佳
4	B114000023	织廊衍巷——权台历史矿区改造更新设计	邢艺凡	邢艺凡
5	B114003101	重生——芳桥蚕种场的改造设计研究	孙昕	孙昕
6	B114003184	西站往事·1908	张校	张校、殷贝贝、戴玲、朱佳丽、孟玲
7	B114003203	轻借光影 与古为新	黄维克	黄维克、黄孝、赵逸伦、邹博逸
8	B114003077	明日的记忆——东村古民居空间创新设计	刘骥	刘骥、张晓天、孙嬿、薛全
9	B114000146	徐州市卧牛矿区塌陷地景观设计	李心怡、余琼、周士园	李心怡、余琼、周士园
10	B114003201	老院新语	吕彬	吕彬

附录二 | Annex 2
参赛单位名录
Contestant list

南京市

南京大学	东南大学建筑设计研究院有限公司
南京艺术学院	南京长江都市建筑设计股份有限公司
东南大学	江苏省邮电规划设计院有限责任公司
南京林业大学	南京市建筑设计研究院有限责任公司
南京工业大学	江苏中核华纬工程设计研究有限公司
南京理工大学	江苏省交通规划设计院
南京师范大学	东南大学城市规划设计研究院有限公司
南京农业大学	南京中艺建筑设计院
南京工程学院	南京艺术学院实验楼艺术设计院
南京信息工程大学	南京环宇建筑设计院
金陵科技学院	南京金陵科技园林规划设计有限公司
江苏第二师范学院	南京装饰联合总公司世周设计院
南京政治学院	南京视博建筑设计有限公司
南京铁道职业技术学院	南京四度空间建筑设计有限公司
南京晓庄学院	南京壹栢空间设计顾问有限公司
南京城市职业学院	南京大田建筑景观设计有限公司
江苏省建筑设计研究院有限公司	南京国防园段明城墙景观环境整治改造
江苏省城市规划设计研究院	南京金埔园林股份有限公司
南京金宸建筑设计有限公司	江苏爱涛文化产业有限公司
南京大学建筑规划设计研究院有限公司	

无锡市

江南大学	无锡城归设计有限责任公司
无锡工艺职业技术学院	无锡澳中艾迪艾斯建筑设计有限公司
无锡观策室内设计有限公司	江苏汉唐城建设计院有限公司

Jiangsu Cultural and Creative Design Competition-Architectural Special Contest, 2014
江苏文化创意设计大赛建筑专项赛 2014
历史空间的当代创新利用
The Contemporary
Innovation And Utilization Of The
Historical Space

无锡市石田建筑设计研究院有限责任公司	无锡市都市建筑设计有限公司
无锡市建筑设计研究院有限责任公司	无锡轻大建筑设计研究院有限公司
无锡市民用建筑设计院有限公司	无锡轻工设计研究院有限公司
无锡市政设计研究院有限公司	无锡市天源建筑设计事务所
江苏合筑建筑设计有限公司	无锡市园林设计研究院有限公司
江苏绿洲建筑园林设计院有限公司	江苏中设工程咨询集团有限公司
无锡乾晟景观设计有限公司	江苏东珠景观股份有限公司
无锡灵山文化旅游集团	江苏省科佳工程设计有限公司

徐州市

中国矿业大学	中国矿业大学建筑设计研究院
徐州工程学院	徐州市城乡建筑设计研究院有限责任公司
江苏建筑学院	江苏华晟建筑设计有限公司
江苏建筑职业技术学院	江苏华海建筑设计有限公司
徐州市市政设计院有限公司	徐州瀚艺建筑设计有限公司
徐州市建筑设计研究院有限责任公司	徐州久鼎工程设计咨询有限公司
中国矿业大学建筑与城市规划研究所	徐州市尚文堂文化发展有限公司

常州市

江苏筑森建筑设计有限公司	常州市华宇建筑设计研究院有限公司
常州市规划设计院	常州市武进建筑设计院有限公司
江苏筑原建筑设计有限公司	常州顺柯建筑设计有限公司
江苏浩森建筑设计有限公司	常州同创建筑设计有限公司
江苏华源建筑设计研究院股份有限公司	江苏城建校建筑规划设计院
江苏凯联建筑设计有限公司	江苏汉亚建筑设计有限公司
江苏华亚工程设计研究院有限公司	贝肯建筑规划设计（江苏）有限公司
江苏省仁智园林设计有限公司	

苏州市

苏州大学	常熟市天和建筑设计有限公司
苏州科技学院	苏州安省建筑设计有限公司
常熟理工学院	邦城规划顾问（苏州工业园区）有限公司

苏州金螳螂展览设计有限公司

苏州建筑设计研究院股份有限公司

苏州规划设计研究院股份有限公司

苏州工艺美院环境艺术设计研究院

苏州中材非金属矿工业设计研究院有限公司

苏州市民用建筑设计院有限责任公司

苏州九城都市建筑设计有限公司

苏州市建筑工程设计院有限公司

苏州华造建筑设计有限公司

苏州市政工程设计院有限责任公司

苏州园林设计院有限公司

苏州城发建筑设计院有限公司

苏州善水堂创意设计有限公司

江苏山水环境建设集团股份有限公司

苏州工业园区设计研究股份有限公司

苏州市城市建筑设计院有限责任公司

苏州东方景深策划设计有限公司

苏州姑苏建筑设计院有限公司

苏州合展设计营造有限公司

苏州建设（集团）规划建筑设计院有限责任公司

苏州立诚建筑设计有限公司

苏州市吴江建筑设计院有限公司

苏州市新宇建筑设计有限责任公司

苏州苏合建筑设计顾问有限责任公司

苏州土木文化中城建筑设计有限公司

苏州伟业建筑设计有限公司

苏州吴林园林发展有限公司

苏州越城建筑设计有限公司

苏州中海建筑有限公司

苏州筑源规划建筑设计有限公司

昆山市城建发展建筑设计院有限公司

中亿丰建设集团设计研究院有限公司

南通市

南通市勘察设计有限公司

南通四建集团建筑设计有限公司

海门市建筑设计院有限公司

如皋市规划建筑设计院有限公司

江苏圣合旅游发展有限公司

南通巴黎春天生态纺织品有限公司

连云港市

淮海工学院

灌南县百禄中学

江苏华新城市规划市政设计研究院有限公司

连云港市民用建筑设计院有限责任公司

江苏中建工程设计研究院有限公司

连云港市建筑设计研究院有限责任公司

中蓝连海设计研究院

江苏中发建筑设计有限公司

淮安市

淮阴工学院

江苏美城建筑规划设计院有限公司

江苏省子午建筑设计有限公司

淮安市楚州文化旅游资源开发有限公司

江苏淮安市淮阴区淮安市第一人民医院

Jiangsu Cultural and Creative Design Competition-Architectural Special Contest, 2014
江苏文化创意设计大赛建筑专项赛 2014
历史空间的当代创新利用
The Contemporary
Innovation And Utilization Of The
Historical Space

盐城市

盐城工学院	盐城市规划市政设计院有限公司
盐城市建筑设计研究院有限公司	江苏铭城建筑设计院有限公司
江苏华太汉森建筑装饰有限公司	

扬州市

扬州大学	扬州市城市规划设计研究院有限责任公司
扬州市建筑设计研究院有限公司	扬州南方园林设计院有限公司
江苏中珩建筑设计研究院有限公司	扬州大学工程设计研究院
江苏扬建集团有限公司	高邮市建筑设计院
江苏省华建建设股份有限公司	中石化江苏石油工程设计有限公司

镇江市

镇江高等专科学校	镇江大家建筑设计有限公司
镇江市规划设计研究院	镇江市丹徒区长山文化产业发展有限公司

泰州市

泰州市建筑设计院有限公司	泰州市姜堰区溱潼旅游服务有限公司
泰州市规划设计院	江苏泰州市姜堰市杭州路新高波纹管有限公司

宿迁市

宿迁市建筑设计研究院有限公司	江苏政泰建筑设计有限公司

省外高校及设计机构

同济大学建筑与城规学院	上海城拓建筑规划设计有限公司
合肥工业大学	上海栖城建筑规划设计有限公司
河南大学	贵州省建筑设计研究院
上海同济城市规划设计研究院	

其他个人参赛方案 126 项

略

Postscript 后记

创意改变世界，设计丰富生活。

感谢积极参加竞赛的上千位设计师和几百个设计团队，他们的创意方案呈现了江苏历史资源的丰富性和历史空间的多样性，表达了历史空间可以怎样通过织补、连接、创意利用等多种手法和现代生活相连，在保存城市历史记忆、保护"乡愁"、传承文脉的同时，成为新的文化景观，形成美好环境，丰富人们生活。

感谢参与竞赛组织的专家团队。感谢中国建筑学会、中国城市规划学会历史与理论学术委员会的大力支持，以及对江苏本次活动的高度肯定。感谢齐康院士，他以八十多岁的高龄仍十分关心创意设计发展，并亲自担任了本次活动的技术总顾问。感谢钟训正院士，全国工程勘察设计大师孟建民、时匡，江苏省设计大师韩冬青、张雷、段进以及著名教授和专家周畅、张兵、朱光亚、董卫、冯金龙、张宏、陈薇、吉国华、李百浩、汪永平、夏健、王良桂、季翔、叶斌、邱晓翔、汤杰、查金荣、薛晓东、张应鹏、陈同乐，他们在百忙中认真参加了方案评审。感谢东南大学建筑学院董卫教授、李百浩教授以对"历史资源保护利用"的丰富专业知识，全程参与了竞赛的组织。

感谢江苏省委宣传部和省文化厅、文物局的大力支持。感谢参与组织专项竞赛的南京大学、同济大学、东南大学、中国矿业大学、南京理工大学、南京农业大学、苏州大学、南京师范大学、江南大学、南京信息工程大学、河南大学、合肥工业大学、南京艺术学院、南京政治学院、扬州大学、南京工业大学、南京林业大学、苏州科技学院、南京工程学院、江苏第二师范学院、淮海工学院、盐城工学院、淮阴工学院、常熟理工学院、金陵科技学院、徐州工程学院、南京铁道职业技术学院、南京晓庄学院、南京城市职业学院、无锡工艺职业技术学院、江苏建筑学院、江苏建筑职业技术学院、镇江高等专科学校、灌南县百禄中学和全省的设计单位。感谢竞赛工作委员会全体人员的辛勤努力与精心组织。感谢各地规划局和建设局提供历史空间相关资料，虽然竞赛方案不等同于真正的实施方案。

也感谢您的参与和关注，有了全社会的更多关心与支持，相信江苏未来的城乡空间一定会更加美好！

本书中存在的错误和不当之处，敬请广大读者批评指正。

江苏省住房和城乡建设厅
2014.12

图书在版编目（CIP）数据

江苏文化创意设计大赛建筑专项赛2014　历史空间的当代创新利用／江苏省住房和城乡建设厅编. —北京：中国建筑工业出版社，2016.1

ISBN 978-7-112-19004-1

Ⅰ.①江　　Ⅱ.①江　　Ⅲ.①建筑设计－作品集－中国－现代　Ⅳ.①TU206

中国版本图书馆CIP数据核字（2016）第010414号

责任编辑：郑淮兵　王晓迪
责任校对：李美娜　关　健

江苏文化创意设计大赛建筑专项赛2014
历史空间的当代创新利用
江苏省住房和城乡建设厅　编
*
中国建筑工业出版社出版、发行（北京西郊百万庄）
各地新华书店、建筑书店经销
北京美光设计制版有限公司制版
北京缤索印刷有限公司印刷
*
开本：787×1092毫米　1/12　印张：12　字数：219千字
2016年7月第一版　2016年7月第一次印刷
定价：120.00元
ISBN 978-7-112-19004-1
　　　　(28055)